國家出版基金項目
NATIONAL PUBLICATION FOUNDATION

中華人民共和國國務院批准的重大文化出版工程

國家文化發展規劃綱要的重點出版工程項目

新聞出版總署列爲「十一五」國家重大工程出版規劃項目

國家出版基金重點支持項目

域外漢籍珍本文庫

美藏本

西槎彙草

(明)龔輝 著

楊文信 整理

西南師範大學出版社
人民出版社

圖書在版編目（C I P）數據

西槎彙草 ： 美藏本 / (明) 龔輝著 ； 楊文信整理
. -- 重慶 ： 西南師範大學出版社 ； 北京 ： 人民出版社,
2016. 10
（域外漢籍珍本文庫）
ISBN 978-7-5621-4964-4

Ⅰ. ①西… Ⅱ. ①龔… ②楊… Ⅲ. ①伐木－史料－
中國－明代 Ⅳ. ①S782. 1

中國版本圖書館 CIP 數據核字（2016）第 253376 號

國家出版基金資助項目・域外漢籍珍本文庫
西槎彙草（美藏本）
XICHA HUICAO
（明）龔輝著　楊文信整理

責任編輯：段子君　徐林平
版式設計：郭清霞
封面設計：趙　晶
出版發行：西南師範大學出版社
地址　重慶市北碚區天生路 2 號　郵政編碼 400715
http://www.xscbs.com
人民出版社
地址　北京市朝陽門內大街 166 號　郵政編碼 100706
http://www.peoplepress.net
經　銷：全國新華書店
印　刷：香河華林印務有限公司
開　本：889mm×1194mm　1/16
印　張：11.625
版　次：2016 年 11 月第 1 版
印　次：2016 年 11 月第 1 次印刷
書　號：ISBN 978-7-5621-4964-4

定　價：120.00 元

ISBN 978-7-5621-4964-4

中國社會科學院歷史研究所　主持編纂

編委：

卜憲群　王子今　王秋桂（台）　王勇　王家興　王啓發
王寶平　牛軍凱　尹在碩［韓］　古風　白永瑞［韓］　白撞雨
任超　江金輝　江靜　李民　李定凱　李遠毅
李富華　李憑（澳）　吳樹平　呂宗力（港）　宋賢遠［朝］　沈乃文
沈津　沈衛榮　范邦瑾　金慶浩［韓］　周心慧　周欣平［美］
周斌　周興俊　波波娃·伊麗娜·費德羅夫娜［俄］　居蜜［美］
南權熙［韓］　段志洪　姚伯岳　耿慧玲（台）　真柳誠［日］　夏露
馬泰來［美］　徐維凡　翁連溪　高柏［荷］　宮城保［日］　孫薇
孫家洲　孫欽善　陸康［法］　陳士強　陳益源（台）　陳慶浩［法］
張玉範　張西平　張志清　黃仁生　黃樸民　黃燕生
喻遂生　傅飛嵐［法］　楊成凱　楊恩芳　趙凱　蔣寅
鄭克孟［越］　鄭金生　樓勁　黎小龍　潘少平　賴長揚
盧偉　閻征　嚴紹璗（按姓氏筆劃排列）

策劃人簡介

居蜜，湖北廣濟人，台灣大學文學士，哈佛大學歷史學碩士、博士，前任美國國會圖書館館長室「世界數字圖書館」專案項目中文珍本庫主任、亞洲部學術研究主任。二〇〇七年獲美國國會圖書館頒發「特殊貢獻成就獎」，二〇一〇年受聘任英國牛津亞洲宗教與社會學會資深研究員，同年又受聘任山西社科院歷史所《山西文明史》編輯顧問。

主要著作：

合編《基督教在中國：美國國會圖書館亞洲部藏十九世紀傳教士中文文獻解題》（美國國會圖書館，二〇〇九年），主編《一九〇四年美國聖路易斯萬國博覽會中國參展圖録》（上海古籍出版社，二〇一〇年）、《居正與辛亥革命：居氏家藏手稿彙編》（中華書局，二〇一一年）、《居正與近代中國：居氏家藏手稿釋讀》（南京大學出版社，二〇一二年）。

整理者簡介

楊文信，原籍廣東中山，香港大學文學士、哲學碩士，京都大學文學博士，現爲香港大學中文學院助理教授。曾任美國國會圖書館克魯格中心研究員（Kluge Fellow）及亞洲部訪問學人、馬里蘭大學孔子學院訪問學人、京都大學文學部外國人招聘研究員、香港嶺南大學歷史系兼任講師。

主要著作：

合編《香港大學中文學院歷史圖録》（香港大學中文學院，二〇〇七年）、《基督教在中國：美國國會圖書館亞洲部藏十九世紀傳教士中文文獻解題》（美國國會圖書館，二〇〇九年）、《香江舊聞：十九世紀香港人的生活點滴》（香港中華書局，二〇一四年），合譯《中國善會善堂史研究》（北京商務印書館，二〇〇五年）。

目次

漢籍之路

——《域外漢籍珍本文庫》序言

柳斌傑

中國歷史上的對外文化交流有兩條道路：一條是絲綢之路，傳播中國的物質文化；一條是漢籍之路，傳播中國的精神文化。

絲綢之路主要是中外物質文化交流的道路，這是舉世公認的。絲綢之路（silkroad）的概念，是十九世紀後期由德國學者提出的。各國研究者接受了這一概念，並習慣用它來解釋古代中外文化交流的歷史。但是，現在看來，這一概念有一定的局限。首先，中外文化交流不僅僅是物質互換，還有精神的溝通。絲綢之路概念的緣起，是對東西方商貿交流的研究，對精神文化的關註稍顯薄弱。其次，中外交流不完全是中國與西方的交流，也包括與東方其他各國的交流。儘管到了今天，絲綢之路的概念經過開拓，形成沙漠絲路、草原絲路、海上絲路三個部分，可是仍然無法包容中国與東亞、東南亞諸國交流的內容。再次，中外文化交流與經濟商貿交流的綫路，也不完全相同，在歷史時間上也有較大的差異。所有這些，便是我們提出漢籍之路（bookroad）的原因。

漢籍是中國精神文化的載體，漢籍之路是中外精神文化交流的道路。沿著漢籍傳播的軌迹，尋找中外精神文化交流的道路，應該是當代學者和出版人的責任。這些年，有志於此的學者，做了很多工作；有的學者就提出用書籍之路的概念，來研究中日文化交流。但是仔細想來，書籍之路的提法不如漢籍之路明確，探究的範圍也不應該局限在兩國之間，應該把漢籍之路作爲打開古代中外精神文化交流史的鑰匙。

漢籍之路的概念發萌於《域外漢籍珍本文庫》叢書的編纂工作。在海外漢籍的版本調查、珍稀文獻的收集整理過程中，我們逐漸認識到漢籍文獻流傳海外的一些特點。一般來説，漢字文化是中國民族文化的結晶，浸潤了東亞與東南亞文化圈。在古代，漢籍的傳播是主動的、發散性的；傳播的途徑點面結合。在近代，漢籍的傳播是被動的、綫性的，珍貴的文獻被不平等交易或戰爭掠奪到海外。毫無疑問，漢籍傳播的形式與道路，無法與傳統意義上的絲綢之路重合，而這方面的工作又是研究中外文化交流的主要内容。這樣，突破絲綢之路的傳統思路，構建研究中國文化傳播與交流新的理論模式，也就成爲必然要求。絲綢之路是一條商貿的道路，漢籍之路是一條文化的道路。區别這兩條道路，對於釐清我們概念的誤會，拓展研究的視野，將會有一定的意義。當然，這還有待於學術界的研究，有待於學者們的認同，有待於我們更多的共識。

《域外漢籍珍本文庫》叢書是國家「十一五」重大文化出版工程項目，寫入《國家「十一五」文化發展綱要》之中。域外漢籍珍本是指國外圖書館、研究機構和個人收藏的、國内不見或少見的漢文古籍文獻，内容有三：其一指我國歷史上流失到海外的漢文著述；其二指域外翻刻、整理、註釋的漢文著作（如和刻本、高麗刻本、安南刻本等）；其三指原採用漢字的國家與地區學人用漢文撰寫的、與漢文化有關的著述。這些文獻内容豐富，涉及中國經學、史學、佛學、道學、民間宗教、通關檔案、傳記、文學、政制、雜記等各個方面，彌足珍貴，是研究中國傳統文化的重要資料，是研究中外文化交流的核心資料，同時是研究歷史上東亞漢語言文化圈的基本資料，是中華文化的珍貴遺産。

胡錦濤同志在黨的十七大報告中，強調了「做好文化典籍整理工作」對「弘揚中華文化，建設中華民族共有精神家園」的重要性。當前，隨著我國經濟的迅速發展，我國政府與民間有多個斥重金回購流失文物的舉措，但是對佚散海外的漢文古籍的回購、複製、整理工作重視並不夠。域外漢籍珍本是中華文化的寶貴財富，更應該引起我們的重視。

《域外漢籍珍本文庫》叢書計劃出版一套影印古籍，共計八百本，囊括兩千餘種珍稀典籍，應該是當代中國最輝煌的出版工程之一。從某種意義上説，對流失國外珍稀文獻的搜尋整理，不是一項簡單的文化活動，更主要的目的是通過這項活動，妥善保存中華文化遺産，豐富中華文化内涵，熔鑄中華文化精神，從而强化中華民族的尊嚴，提升國家的形象。同時，佚散在海外的漢籍文獻，由於各個國家重視程度的不同、保護手段的差異，文獻的品相也各有不同，因此，儘快地刊印無法再生的域外漢籍珍本，應該是迫在眉睫的重大出版任務。

改革開放以來，我國對外交往日益頻繁，與許許多多國家互結友好，以漢字爲特質的中華文化也得到世界各國文化學術界的重視，整理域外漢籍不僅是國内學者的呼籲，也是國外學者的倡議。在這種良好的條件下，我們經過反復論證，決定在學界鼎力襄助下，編纂出版《域外漢籍珍本文庫》，以留下前人超越時空的智慧和豐富多彩的文化典籍。

毋庸諱言，《域外漢籍珍本文庫》叢書的編纂，也將給中外文化交流史研究積累豐富的學術資料，給漢籍之路的理論註入更深厚的文化内涵，流失在海外的漢文古籍便是「漢籍之路」閃亮的標識。我國的出版工作者應該弘揚漢籍之路理論，推動漢籍收集出版工作，使中華文化的價值進一步得到世界的認同。

《域外漢籍珍本文庫》資料搜集與編纂已進行多年，版本調查、編目、複製、出版等各項工作進展有序。作爲成果的《文庫》將由西南師範大學出版社、人民出版社共同出版。自今年始，本叢書將陸續與學者、讀者見面，特應編者與出版者之邀而爲序，茲綴數語，以表心志。

美國國會圖書館的中文古籍及善本選萃述略（代序言）

居蜜

電子科技把世界縮小成爲地球村以後，人類生活的許多領域都起了變化，甚至全面改造，學術生活也不例外。利用電子科技，可以把珍貴古書、鏽像圖版、抄本珍藏複製，並在此基礎上編成一套紙質叢書。沒有先進的電子科技，要在北京以高水準製作來重印收藏於美國華盛頓的稀世文獻，簡直是不可思議的事。珍貴版本需要謹慎保存，依據美國國會圖書館（The Library of Congress, U.S.A.）有關善本書的規定，外借、複印均不允許，館內閱覽亦有嚴格規條。這些限制，都通過資訊科技予以突破。

美國國會圖書館創辦於一八〇〇年，是全世界最大的圖書館，館藏總數超過一億六千萬件，每天平均新增七千件不同類型的文獻資料。國會圖書館以保存全人類的知識爲目標，致力於建立一個包羅世界各國、各地文明和知識精華的館藏。因此，館內所藏英文書刊固然無與倫比，但同時也着力搜羅外語書刊，非英文類別佔總藏量達三分之二。其中，中文、日文、韓文、俄文、波蘭文等語種的藏書，都成爲這些國家以外單一圖書館中藏量最多的。中文藏書方面，第八任館長普特南（Herbert Putnam，一八九九—一九三九）銳意要在館內建立西方國家中規模最大、選書最精的中文書藏，並爲此做出相應的採購安排，貢獻尤大。[一]

[一] The 2007 Edition (Online): *Asian Collections: An Illustrated Guide* (Library of Congress http://www.loc.gov/rr/asian/guide2007/guide-chinese.html）.

美國國會圖書館的中文藏書史可以追溯到同治八年（一八六九）。同治六年（一八六七），美國國會通過了國際書籍交換法案，中國政府於翌年收到美國政府贈送的圖書，乃以同治皇帝（愛新覺羅·載淳，一八五六—一八七五，一八六一—一八七五在位）名義選書十種以作回贈，自此開啓了中美雙方文化外交的具體合作。爾後，美國駐中國的外交使節、傳教士、漢學家以至各界人士陸續展開對中國古籍善本的蒐集工作，歷年所得，數量龐大且不乏罕見孤本，而該批善本古籍也見證了過去百餘年來千絲萬縷之中美外交文化史。

美國國會圖書館早期中文藏書的發展與特色概述

一、十九世紀中文藏書

（一）同治皇帝贈書

美國國會圖書館中文書藏，以同治皇帝贈予美國政府的圖書爲發軔。同治七年（一八六八），中國政府收到美國政府送贈圖書，翌年遂選書十種共九百零五册以作回贈。該批圖書稍後移藏國會圖書館，是館藏最早的中文書籍，今天存放於亞洲部。「同治贈書」由經部、子部及叢書類著作組成，主題包括經學、性理、醫書、農書、算術、類書等方面。

「同治贈書」清單：

《皇清經解》
《五禮通考》
《欽定三禮》
《醫宗金鑑》
《本草綱目》
《農政全書》
《駢字類編》
《鍼灸大成》
《梅氏叢書》
《性理大全書》

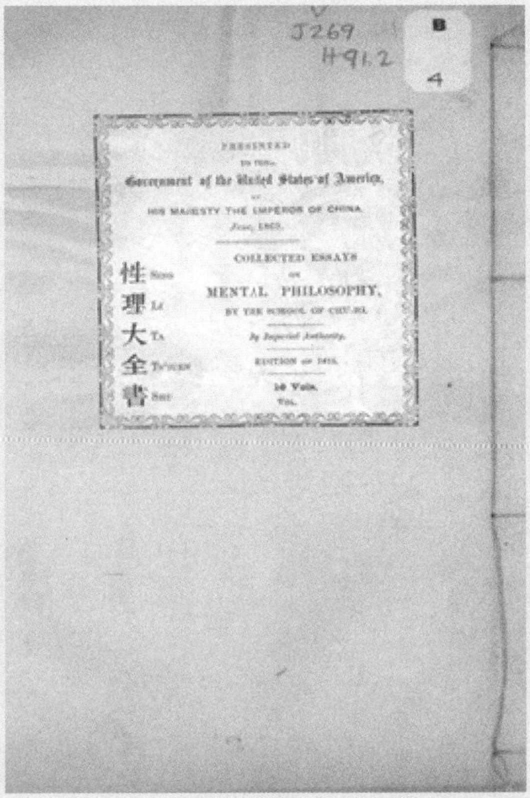

同治贈書之一：《性理大全書》

這批書的版本雖多非精善，不過也有少數值得注意的，如《梅氏叢書》著録爲康熙四十五年（一七〇六）刊本，刊刻時間早於今天在中國和日本所能找到的乾隆二十六年（一七六一）刊本。然而，書中部分内容可能不是梅文鼎（一六三三—一七二一）本人的著作。《本草綱目》著録爲順治十二年（一六五五）或十三年（一六五六）刻本，但是書中雜有乾隆四十九年（一七八四）蔡烈先編著的《萬方鍼綫》。《性理大全書》，錢存訓按原書判斷爲永樂十四年（一四一六）刻本，恒慕義（Arthur William Hummel，一八八四—一九七五）認爲是康熙三十五年（一六九六）刻本；王重民（一九〇三—一九七五）則以書中載有江西刻工姓名，推斷爲萬曆（一五七三—一六二〇）間刻本，應是最具説服力的説法。[二]

[一] 拙著：《美國國會圖書館早期的中文藏書》，載《慶祝錢存訓教授九五華誕學術論文集》編輯委員會編：《南山論學集：錢存訓先生九五生日紀念》（北京：北京圖書館出版社，二〇〇六年），頁一一一。

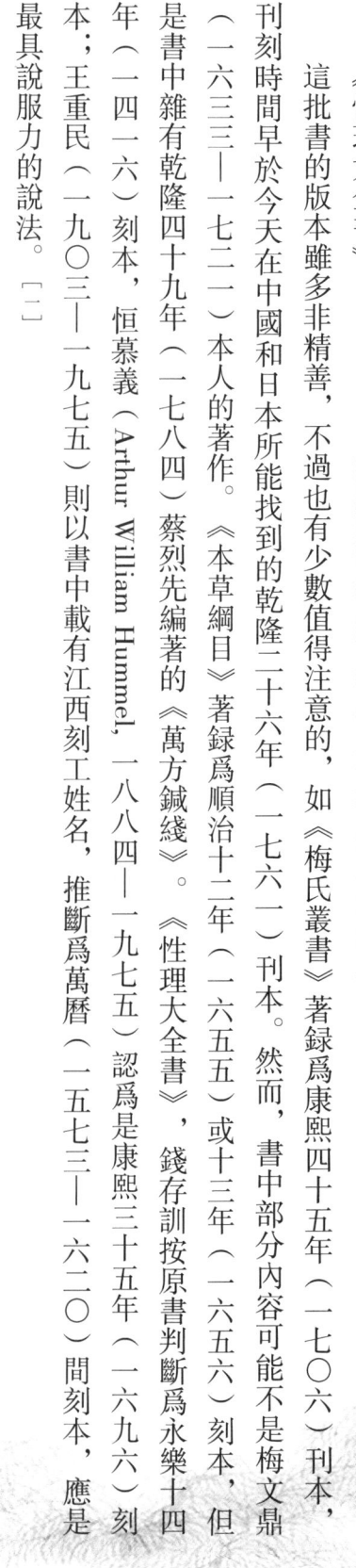

（二）顧盛書藏

道光二十四年（一八四四），清朝宗室耆英（一七八七—一八五八）與美國來華特使顧盛（Caleb Cushing，一八〇〇—一八七九）於澳門締結《望廈條約》，中美兩國建立正式外交關係。顧盛是紐伯里港（Newburyport）一名商人的兒子，畢業於哈佛大學法學院，曾擔任州議員，國會衆議院議員，派遣至中國、哥倫比亞、西班牙使節和司法部部長等公職。顧盛有敏鋭的觀察力，處事有條不紊，喜歡學習語言。對他來說，書籍和教育是文化的重要支柱，要了解中國，就必須從這兩方面入手。他主動要求在《條約》中加入以下條款：

准合衆國官民延請中國各方士民人等教習各方語音，並幫辦文墨事件。不論所延請者係何等樣人，中國地方官民等均不得稍有阻擾陷害等情；並准其採買中國各項書籍。

顧盛像

在十九世紀中葉來説，購書條款加在正式外交文件中可謂創舉。這是中美文化交流的肇始，也是中美文化和外交的第一次接軌。

顧盛在澳門停留期間，購入二百多種中國圖書。一八七九年他過世後，部分藏書拍賣出售，大部分經史密森學院（Smithsonian Institution）轉往國會圖書館，未經拍賣的，也大約同時移藏館中，兩批藏書今天主要存放於亞洲部。一八九八年國會圖書館的年度報告書（以下《年報》）所附《顧盛藏書目録》，列出滿、漢書二百三十七種，共二千五百四十七册。如《年報》所言，這批書籍得到中國駐華盛頓大使伍廷芳（一八四二—一九二二）允許，讓中國使館内學問淵博的學者參與編目工作。

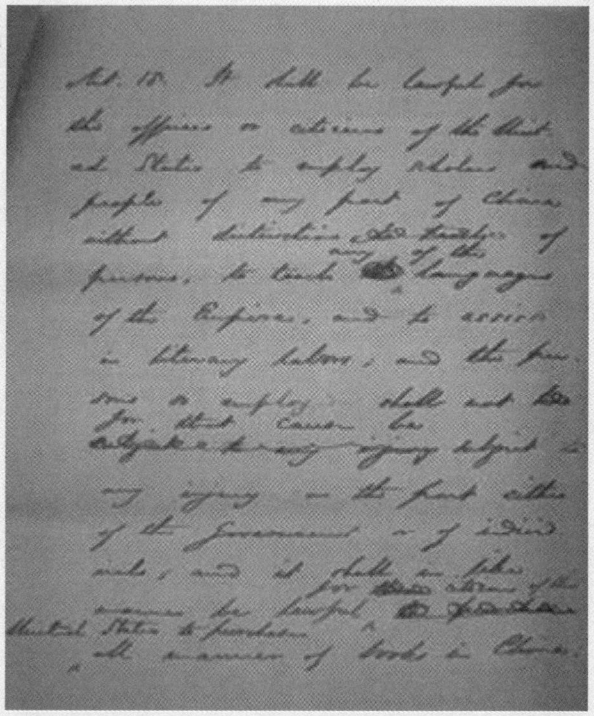
Art. 18. It shall be lawful for the officers or citizens of the United States to employ scholars and people of any part of China without distinction of persons, to teach any of the languages of the Empire, and to assist in literary labors; and the persons so employed shall not for that cause be subject to any injury on the part either of the Government or of individuals; and it shall in like manner be lawful for citizens of the United States to purchase all manner of books in China.

《望廈條約》原文第十八條

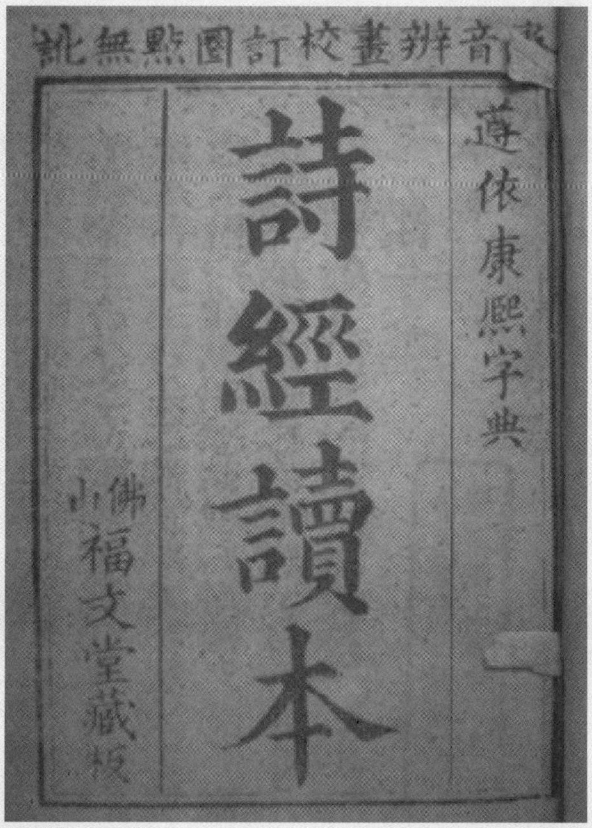

《詩經讀本》（清刻本，佛山福文堂藏板）。四冊合訂本，五卷。索書號：A151.1/A11

國會圖書館亞洲部有手抄《顧盛藏書目録》一册，在扣除重複著録者後，「書藏」總數二百一十八種，特點如下：①大部分屬清代（尤其中葉）廣東地區刊刻書籍，有「Smithsonian Deposit」等印。②「宗教」類不少書籍的出版時間在顧盛回國以後。③「書藏」是否直接由國會圖書館購入，編者曾對此做出推論，認爲就算拍賣書籍的買主並非伯駕（Peter Parker，一八〇四—一八八八），他也在事件中扮演重要角色。而承接①及②所論，宗教類書籍大部分蓋有一八七九年十二月（拍賣會後兩個月）國會圖書館或史密森學院的印章，估計伯駕曾參與或建議史密森學院購買「書藏」，然後轉贈國會圖書館。④「太平天國」類圖書可能是裨治文（Elijah C. Bridgman，一八〇一—一八六一）得自太平天國領袖，後轉贈美國宗教書協會（American Tract Society），最後歸入國會圖書館。⑤價值較高者有《繡像紅毛番字》一册，抄寫年代不晚於十九世紀初葉。⑥唯一韓刻漢籍爲許浚（一五六四—一六一五）《東醫寶鑑》。⑦部分滿文圖書有藏書票，印上「C. Cushing　顧聖」等字，而這批圖書成爲館藏早期滿文圖書的主要構成部分。[一]

[一] 居蜜、楊文信：《從美國國會圖書館藏顧盛文獻談十九世紀中、美兩國的文化交流》，《明清史集刊》，第八卷（二〇〇五年），頁二六一—三二四。

二、二十世紀中文藏書情況

（一）「聖路易斯萬國博覽會」中國捐贈圖書

一九〇四年，中國政府參與由美國主辦的「聖路易斯萬國博覽會」（Louisiana Purchase Exposition），各省參展品雖亦不少，然圖書之展出，以湖北一省獨多，並獲會方頒發金獎。會後，中國政府遂以此送贈美國政府。該批圖書後來移藏國會圖書館，除少數地圖現藏於地理及地圖部（Geography and Map Division）外，絕大部分藏於亞洲部。

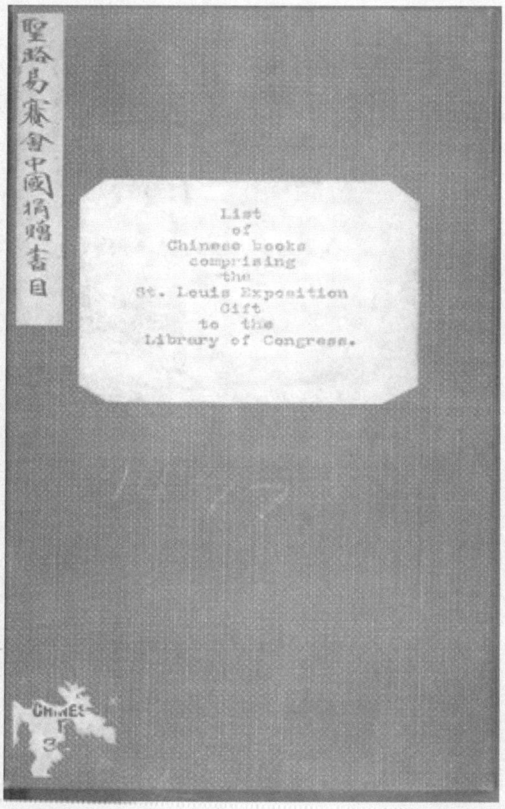

《聖路易賽會中國捐贈書目》封頁

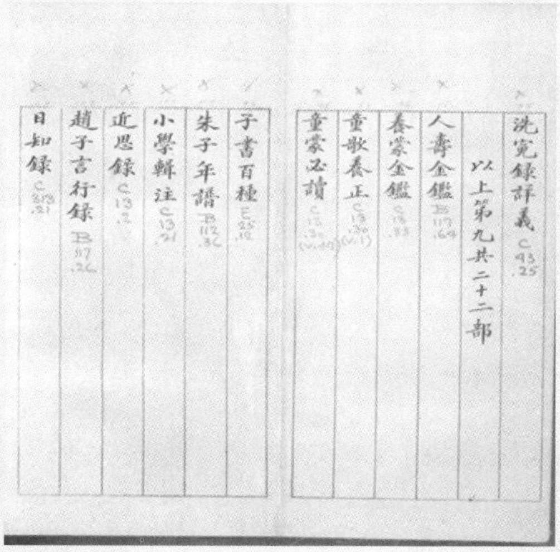

《聖路易賽會中國捐贈書目》內頁

據亞洲部藏抄本《聖路易賽會中國捐贈書目》（*List of Chinese Books Comprising the St. Louis Exposition Gift to the Library of Congress*），參展圖書共一百七十七種，從内容劃分，包括經書及注解書，清朝御纂書籍，字學及韻學書，史學、地誌、地圖及金石書，禮樂、刑法、荒政、官箴書、經濟書，性理及蒙學教育書，諸子書，算法、曆書、兵書、醫書，詩文集、制義書及叢書。約而論之，這套「捐贈圖書」特色如下：①主要由湖北崇文書局及湖北官書局印行，書首印有「Gift of the Chinese Government」字樣。②以崇文書局所印書爲例，其刻印史部政書類書籍有别省官書局所無者，而子部刻書之多亦其一大特色。集部刻書雖亦多，但校勘不精、行款過密爲其缺點。③地圖及地理類書籍以全國及湖北一省爲主。④圖書以展示傳統學術成就爲目的，此與日本參展圖書以彰顯明治維新以後教育、軍事等方面的新面貌截然不同。[二]

（二）柔克義書藏

柔克義（William W. Rockhill，一八五四—一九一四）生於費城一顯赫家族，早年在法國就學，畢業後任職法國駐北非公使館。一八七五年，柔克義回國從事學術研究，傾心於西藏風土及藏傳佛教，與在北京美國公使館任職的衛三畏（Samuel Wells Williams，一八一二—一八八四）成爲好友。由於自學勤奮，柔克義能掌握英、法、德語，並熟諳藏、梵文字及漢文。

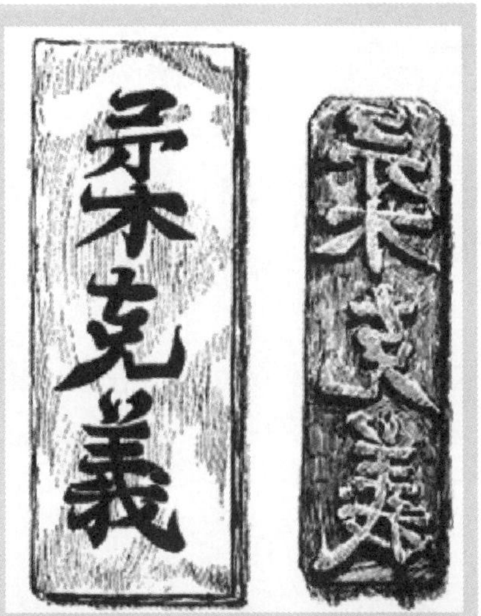

柔克義像

[二] 參詳拙編：《一九〇四年美國聖路易斯萬國博覽會中國參展圖録》（上海：上海古籍出版社，二〇一〇年）第三册。

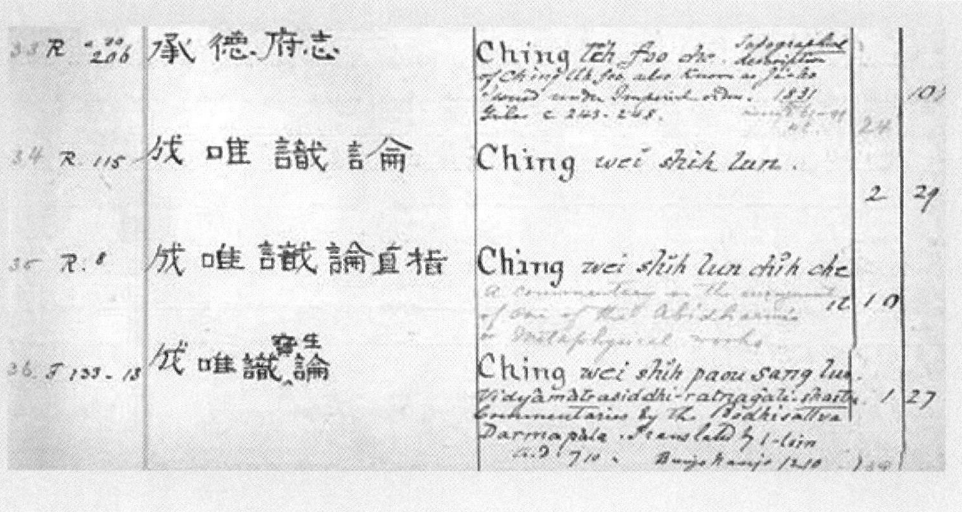

一九〇六年國會圖書館手抄中文藏書目録所列柔克義部分藏書資料

一八八四年，柔克義往北京美國公使館任二等秘書，至一八八八年辭職，由史密森學院贊助前往西藏，成爲首位探險西藏內地的美國人。此行至爲艱苦，而他在《世紀雜誌》（*Century Magazine*）發表的一系列報道讓人大開眼界。一八九一至一八九二年，史密森學院再次資助他做較大規模的「科學探險」，旅程到達蒙古、青海等地。完成旅程後他返國任職國務院，外交生涯扶搖直上。義和團事件後，他被派爲特使前往北京商訂庚子賠款協議。柔克義在華期間研習漢、藏文，致力於藏文佛典翻譯，並購得不少藏文典籍，如宗喀巴《菩提道次第廣論》、乾隆版藏文《大藏經》等。

庚子賠款協議商定後，柔克義仍於一九〇五至一九〇八年間透過各方管道，促成美國國會通過羅斯福總統（Theodore Roosevelt，一八五八—一九一九）的諮文，將未動用的賠款退還中國。美國退還餘款用作在華辦學之用，成爲兩國友好佳話。中國政府感謝此舉，派唐紹儀（一八六二—一九三八）爲特使，專程赴美贈予美國政府一八九四年上海同文書局石印《古今圖書集成》一套，共五千零四十四册。

在北京公使任內，柔克義曾於一九〇八年六月會見流亡蒙古的十三世達賴喇嘛。達賴喇嘛對他的藏學知識深爲讚賞，兩者不經翻譯以藏語交流。柔克義獲贈的《大般若波羅密多經》八千卷，二〇〇〇年由史密森學院移往國會圖書館亞洲部，而他從五臺山帶回來的手繪唐卡，現亦藏於亞洲部。

柔克義傾心中國文化，對蒙、藏典籍情有獨鍾，其部分藏書分三批贈予美國國會圖書館，數量頗豐，亦多精品，見於一九〇一、一九〇二及一九〇七年《年報》。

柔克義藏書之一：《五臺山道路全圖》

柔克義藏書之一：《御製繙譯四書》（乾隆二十年［一七五五］序刊本）。一函六冊。

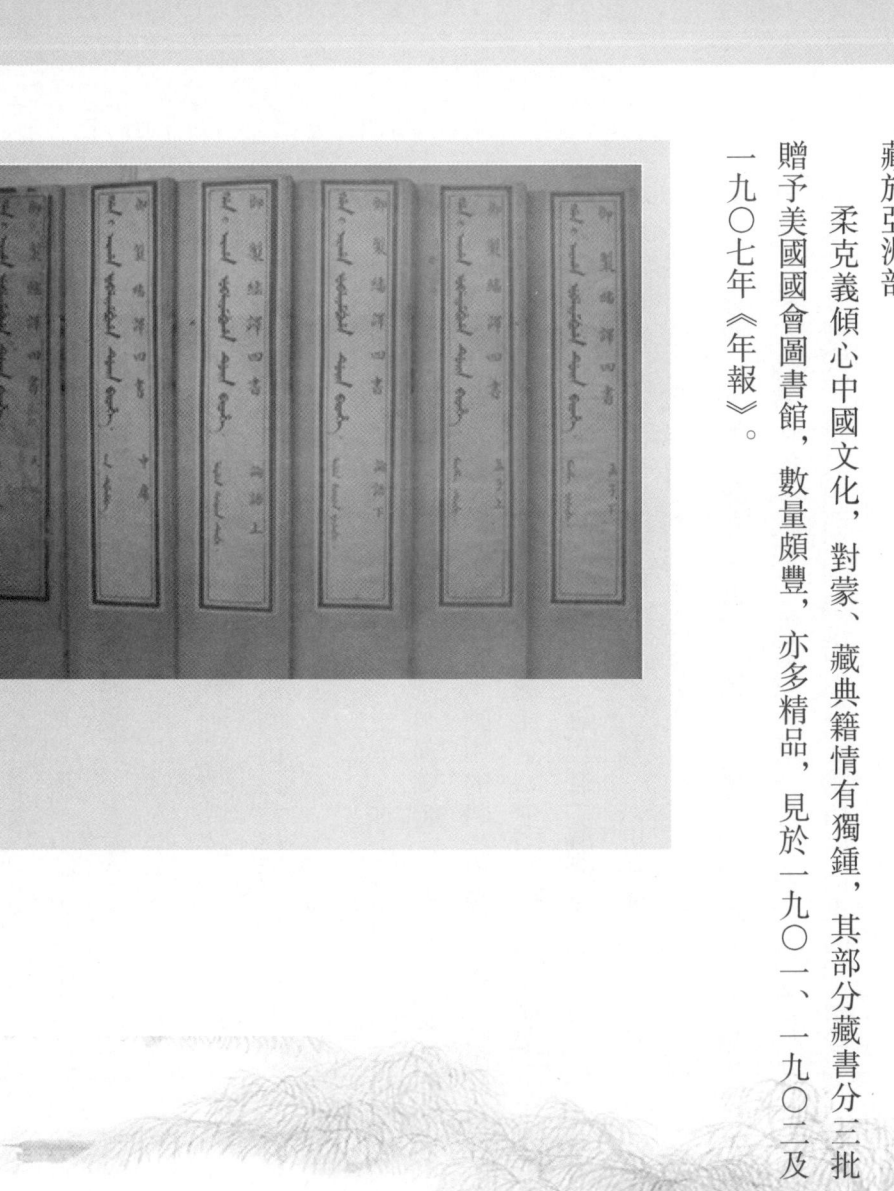

中國政府感謝美國退還庚子賠款，一九〇八年贈予《古今圖書集成》一套，共五千零四十四冊。

The world's largest encyclopedia, in 5,040 volumes; produced in Peking in 1728 from copper movable type. This set, a later impression, was presented by the Chinese Government in 1908.

（三）施永格收集方志、本草醫籍

施永格（施永高，Walter T. Swingle，一八七一—一九五二）出生於賓夕法尼亞州，年少時已對植物深感興趣。一八八五年，他考進堪薩斯州州立農業大學，受教於William A. Kellerman（一八五〇—一九〇八）教授，至一八九〇年獲學士學位。畢業時，他與Kellerman共同發表的論文達二十一篇，其中六篇爲他的個人研究。

一八九一年，施永格受聘於美國農業部Beverly T. Galloway（一八六三—一九三八）博士，定居華盛頓特區。農業部派他到佛羅里達州考察柑桔的生長情況，他對柑桔的研究從此持續下去，著作無數，成爲美國的柑桔研究權威。一八九五至一八九六年間他赴波恩（Bonn）大學深造，一八九七年到萊比錫（Leipzig）大學研究一年，至一八九八年農業部派他到歐洲、北非、亞洲搜集有關柑桔的資料。由於施永格的研究成果優異，堪州州立農業大學於一八九六年向他頒發碩士學位，於一九二二年再頒發榮譽博士學位，表揚他一生對農業研究的貢獻。

在農業部工作時，施永格結識中文翻譯Michael J. Hagerty，兩人開始翻譯中文本草書籍。他們利用福建、廣東一帶地方志的記載，研究柑桔的生長，成

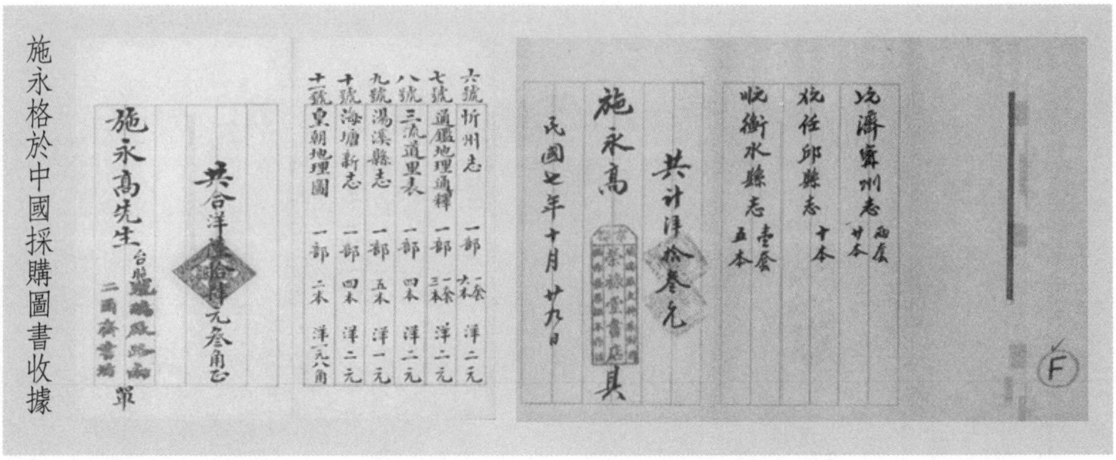
施永格於中國採購圖書收據

果顯著。施永格發現方志中關於土壤和植物的記載，對他的研究極爲有用，因而力倡國會圖書館搜集中國方志，由此奠定館藏中國方志的基礎。一九一〇年起，他開始爲圖書館建立中文典藏。一九一五年，普特南館長趁他常到中國研究之便，請他爲圖書館採購中、日文獻資料。他帶了華盛頓及芝加哥各地圖書館的東方典藏目録，加上當地學者的推薦，選購了一千四百零九冊中文書籍，包括明版一百一十六種、地圖二百六十種、叢書一百四十七種。一九一六年，他再選購中文書籍二百七十一種，共四千九百四十五冊，包括早期木刻版，宋、元、明版歷史文獻、早期百科辭典、《永樂大典》二冊、本草及醫學文獻、方志、叢書及中文期刊等。爲此，施永格請Hagerty、馮景桂、江亢虎（一八八三—一九五四）等人幫忙整理圖書及從事分類工作。

一九一八至一九一九年間，施永格再赴東亞考察，爲圖書館採購包括史地、政治、傳記、書目、藝術、農業、自然科學等方面共九百六十一種書籍，計一萬三千二百五十九冊。他對中國地理文獻的收集尤爲熱衷，從廣東、上海、北平等書商採購方志共四百一十三種。張元濟（一八六七—一九五九）在日記中特別提到一九一八年接待過施永格，並長期替他在中國收購志書，兩人也時有書信來往，交換版本的收藏及鑒定資料。

一九一九年的《年報》中，施永格提到農業部派Orator F. Cook（一八六七—一九四九）赴中國考察棉花作物，圖書館便委託他採購書籍，再添方志一百零八種，館藏量增至一千零二十五種，成爲海外收藏中國方志最多的圖書館。從一九二〇年起，施永格任農業部圖書館委員會主席，每年爲國會圖書館中文藏書撰稿，除詳細報道書籍採購及收藏情况外，並分析、鑒定典藏文獻。其中，一九二三年的《年報》提到購得韓彦直（一一三一—一一九四）《橘録》，指出是中國最早有關柑桔的專書。書中介紹溫州所産二十七種柑桔品種，並有繁殖、桔園管理、防除病蟲害、採摘、貯藏、加工等記録，施永格遂請Hagerty英譯原文，列爲《通報》（*T'oung Pao*）特刊，題爲「Monograph on the Oranges of Wên-chou, Chekiang, 1923」，這部譯作對加州及佛州柑桔的栽種有重大貢獻。《荔枝譜》是中國現存最早的荔枝專著，李約瑟（Joseph Needham，一九〇〇—一九九五）《中國古代科技史》稱它爲世界首部果樹分類學著作。一九二三至一九二四年間，Hagerty又進行《荔枝譜》的英譯工作。

施永格爲國會圖書館建立中文典藏時，曾推薦袁同禮（一八九五—一九六五）等專家來館整理資料，並建議成立中文部。一九二八年中文部（後改組爲東方部，今名亞洲部）創立，館長普特南聘恒慕義爲首任主任。經施永格歷年採購，當時館藏中文書籍已達十萬册。自一九四一年從農業部退休後，施永格仍在國會圖書館擔任義工，獲特授爲榮譽顧問。施永格的第二任妻子是Kellerman教授的女兒Maude，也是一位植物學家。

（四）羅佛書藏

羅佛（Berthold Laufer，一八七四—一九三四）生於德國，在萊布尼兹（Leibniz）大學取得東方語言博士學位。一八九八年，羅佛來到美國哥倫比亞大學執教，與施永格交往甚密。羅佛爲漢學界巨擘，在人類學、博物館學、藝術、印刷等方面均有深入研究。他精通多種語言，除中文外，還熟諳滿文、蒙文和藏文。

羅佛照

--3--

We has nave presented to us for contrast the simple depiction of agricultural and weaving industries, costumes, implements, etc. of Sung times -- and the early Manchu artist's conception of the same subjects five and one half centuries later. In the later work we note embellishments in the way of domestic touches, more elaboration of houses and interiors, landscape features, and a new attention to perspective brought about by European influences.

It is said that the block-printing of the K'ien-Lung edition is not technically as good as the K'ang-Hi, and that the former was probably done on stone and the latter on wood.

In 1914, Prof. Pelliot has published in his turn an elaborate monograph "A propos du Keng-tche-t'ou" in vol. I of the <u>Mémoires concernant l'Asie Orientale</u>, and that monograph has been supplemented to some extent by Prof. Franke in <u>Ostasiatische Zeitschrift</u>, circa 1915 or 1916.

I have seen and examined the painted Keng Chi Tu in Dr. Peterson's collection and am convinced that this is the original work of Tsiao Ping-chen.

New York, June 18, 1929. Berthold Laufer

一九二八年，國會圖書館收得克利爾圖書館（John Crerar Library）轉來六百六十六種圖書，共一萬二千八百一十九冊，都是羅佛從中國和日本購得，其中約八成半爲漢籍，其他爲日、滿、蒙、藏文圖籍。館藏《耕織圖》兩種，都跟羅佛有淵源。一種由Frederick Peterson於一九〇八年在倫敦購得，羅佛及伯希和（Paul Pelliot，一八七八—一九四五）鑒定爲內府繪本，具重要歷史文物價值，一九二八年售出予William H. Moore夫人，再送到國會圖書館保存。另一種爲延寶四年（一六七六）狩野永納（一六三一—一六九七）據家藏天順六年（一四六二）仿宋摹刻本，最接近宋本原貌，羅佛於一九〇八年在東京覓得一部，一九二八年亦由克利爾圖書館轉藏國會圖書館。他曾在一九一二年的《通報》撰文介紹此本，重新凝聚了世人對《耕織圖》的焦點。[二]此外，如他原藏元人富大用《新編古今事文類聚》爲元刻本，八十冊十二函，有：「By Exchange/John Crerar Library/1928」印記，亦爲館藏精品之一。館藏個別蒙文書籍，亦有羅佛所書筆記。

（五）王樹枏書藏

王樹枏（一八五一—一九三六），字晉卿，號陶廬老人，河北新城人。王氏早惠夙成，博聞強記，訓詁考訂，幼即專精，深得曾國藩（一八一一—一八七二）、李鴻章（一八二三—一九〇一）賞識。光緒二年（一八七六）舉於

[一] Berthold Laufer, "Discovery of a Lost Book", *T'oung Pao* (Second Series), Vol.13, No. 1 (1912), pp. 97—106. 書中鈐有「京御幸町御池南書林菱居孫兵衛」朱文長方印，則曾爲京都菱屋孫兵衛所有。「狩野本」傳世僅三部，兩部藏於日本。

鄉，十二年（一八八六）成進士，歷任工部主事、地方知縣，後因受誣陷革職。張之洞聞知，延入幕府，命往甘肅，自此與西北結緣。二十一年（一八九五），復舊職，出知中衛縣，任內兩載，不廢著述。二十八年（一九〇二），刊刻《歐洲族類源流略》等多種著作。

王樹枏素以善理財、革弊政聞名，光緒三十二年（一九〇六）任新疆布政使，整頓財政、興業辦學，對中國西部的開發有大功勞。翌年深感新疆地廣民稀，召集有志之士，網羅文獻，分纂《新疆圖志》，與袁大化（一八五一—一九三五）共任主修。民國元年，又刊行《新疆圖志》一百六十卷，共六十冊，爲中國邊疆史地學經典之作。民國三年至七年間，歷任清史館總纂、約法會議議員、參政院參政、國會衆議院議員。民國十年以後，曾主持「敦煌經籍輯存會」，參與「東方文化事業總委員會」所辦國内外學術活動，又主講奉天萃升書院。

王樹枏治學廣泛，文采橫溢，殫心著述，尤精於小學，常以《爾雅》、《廣雅》、《夏小政》諸書訂證經文，在晚清學界獨樹一幟。著書廣及訓詁、算數、地輿等方面，總計五十三種六百八十五卷，晚年編有自傳《陶廬老人隨年録》。

一九二八至一九二九年間，施永格及恒慕義以「Mellon Gift Fund」提供的一萬美元採購王樹枏藏書共一千六百五十五種，共二萬二千一百冊。國會圖書館收入王樹枏書藏均有「April 3, 1929」及「379064」等之入藏日期與入藏號。根據此印記，現已查出超過六百種，精品甚多。[二]

[一] 拙著：《美國國會圖書館王樹枏書藏——古籍、善本、珍品面面觀》，載《天祿論叢——北美華人東亞圖書館員文集·二〇一〇》（桂林：廣西師範大學出版社，二〇一〇年），頁二〇—五五。

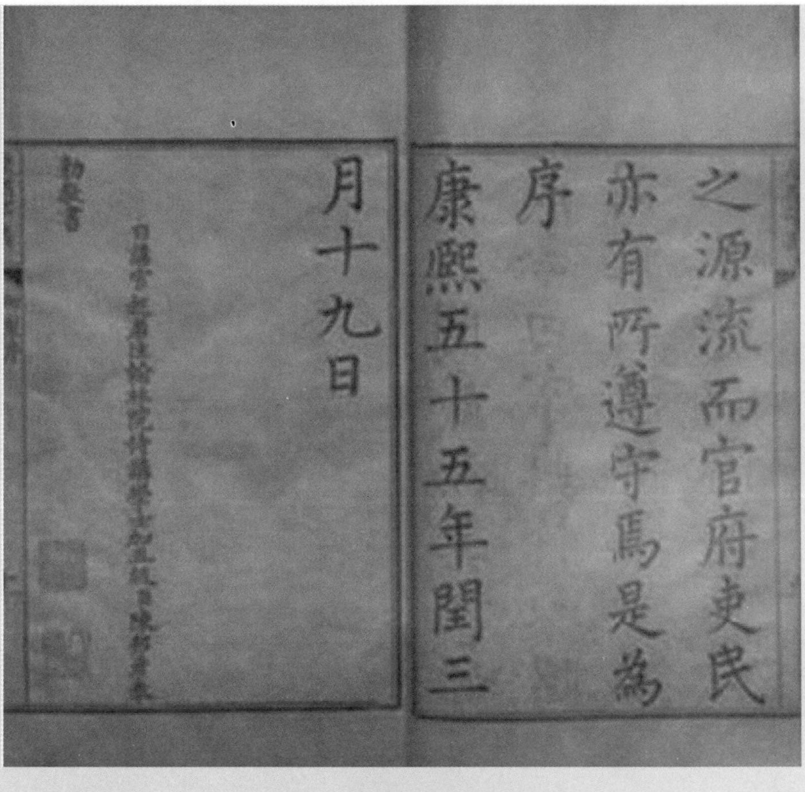
之源流而官府吏民
亦有所遵守焉是為
序
康熙五十五年閏三
月十九日

王樹枏藏書之一：《康熙字典》（内府刊本）

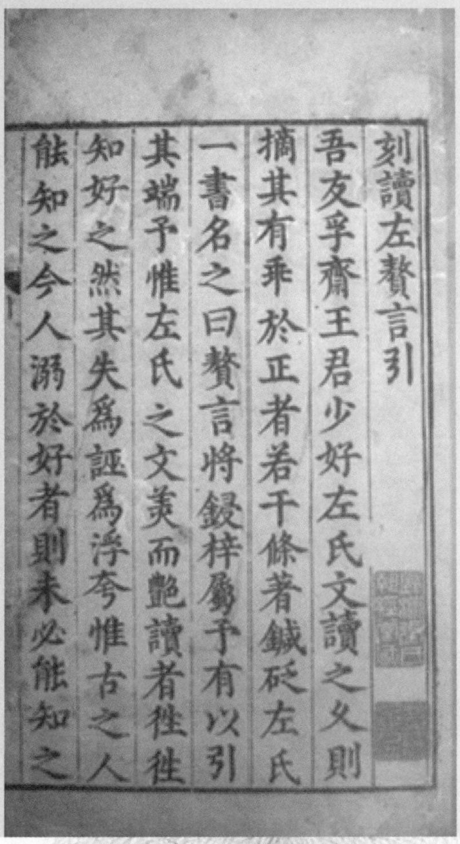
刻讀左贅言引
吾友孚齋王君少好左氏文讀之久則
摘其有乖於正者若干條著鍼砭左氏
一書名之曰贅言將鋟梓屬予有以引
其端予惟左氏之文美而艷讀者往往
知好之然其失爲誣爲浮夸惟古之人
能知之今人溺於好者則未必能知之

王樹枏藏書之一：《讀春秋左氏贅言》

（六）高鴻裁《山東方志》

美國國會圖書館收集中國方志，值得大書特書的是一九三三年一次購入幾乎全部山東方志。這批方志的主人是山東一位縣長高鴻裁（一八五一—一九一八）。

高鴻裁字翰生，山東濰縣人，以研究金石學知名，與名士如繆荃孫（一八四四—一九一九）、孫葆田（一八四〇—一九〇九）均有往來。高氏素好收集桑梓文獻，家藏書達三萬餘卷，又積二十多年之力收集本省志書，幾已全部網羅；所缺范、冠、朝城、陽穀四縣，假郭氏貽謨堂藏本景鈔補足。《山東方志》共一百十八種，書内均有「濰高翰生收輯山東全省府州縣志印記」，可見他的立志所在，而康熙五十五年（一七一六）抄本《陽穀縣志》内，有光緒二十九年（一九〇三）高氏跋語，亦提及收集方志之苦心。

及《山東方志》出售消息流傳，當時德國駐青

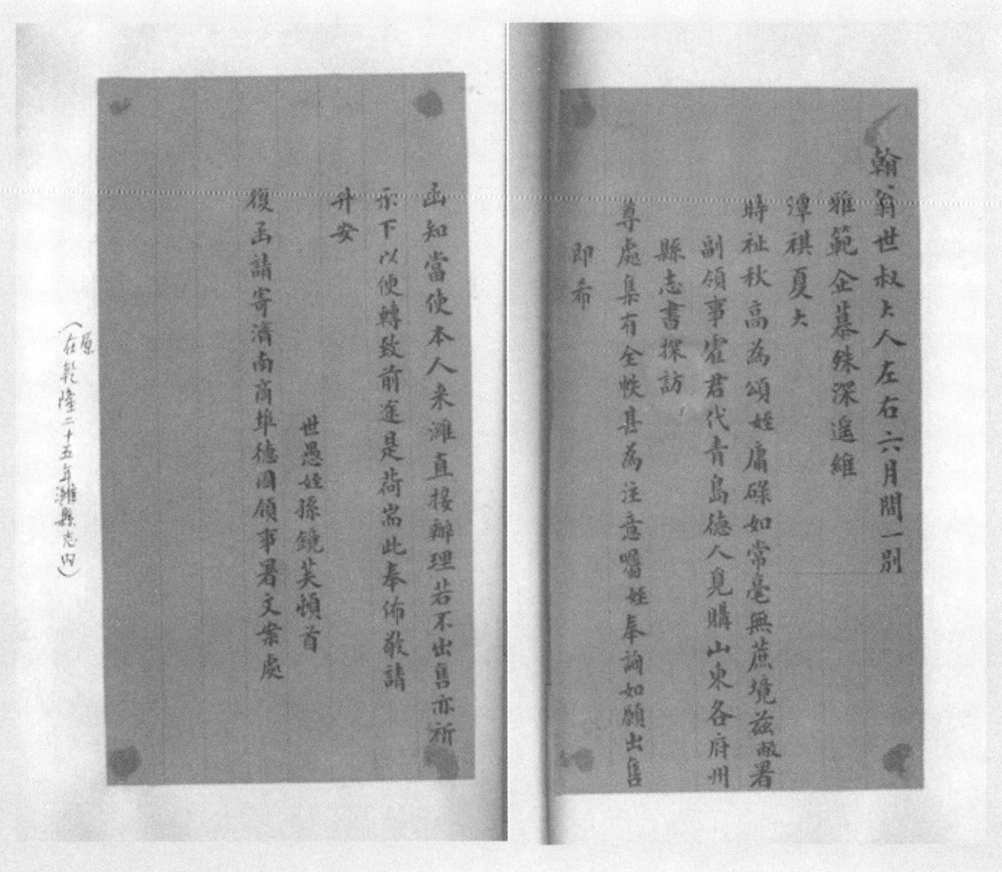
翰翁世叔大人左右六月間一別
雅範企慕殊深遥維
潭祺夏大
時祉秋高爲頌姪庸碌如常毫無蔗境茲敝署
副領事雷君代青島德人見購山東各府州
縣志書探訪
尊處集有全帙甚爲注意囑姪奉詢如願出售
即希
函知當使本人來濰直接辦理若不出售亦祈
示下以便轉致前途是荷當此奉佈敬請
升安
世愚姪孫鏡芙頓首
復函請寄濟南商埠德國領事署文案處
（原在乾隆二十五年濰縣志内）

孫鏡芙致高氏函原件

島領事館曾經派員接洽。乾隆二十五年（一七六〇）刻本《濰縣志》内有一紅紙墨筆函，爲孫鏡芙致高氏函：

副領事霍君代青島德人覓購山東各府州縣志書，探訪尊處集有全帙，甚爲注意。復函請寄濟南商埠德國領事署文案處。

當時德國人以山東爲勢力範圍，處心積慮搜羅珍貴地方文獻，因而非常重視這套書。美國國會圖書館通過清華大學圖書館王文山館長（原任職清華大學圖書館，曾在國會圖書館擔任編目工作）的介紹，從山東聚文齋書店買到全套《山東方志》。此套方志内有許多不易見的本子，被公認爲海内外珍藏。

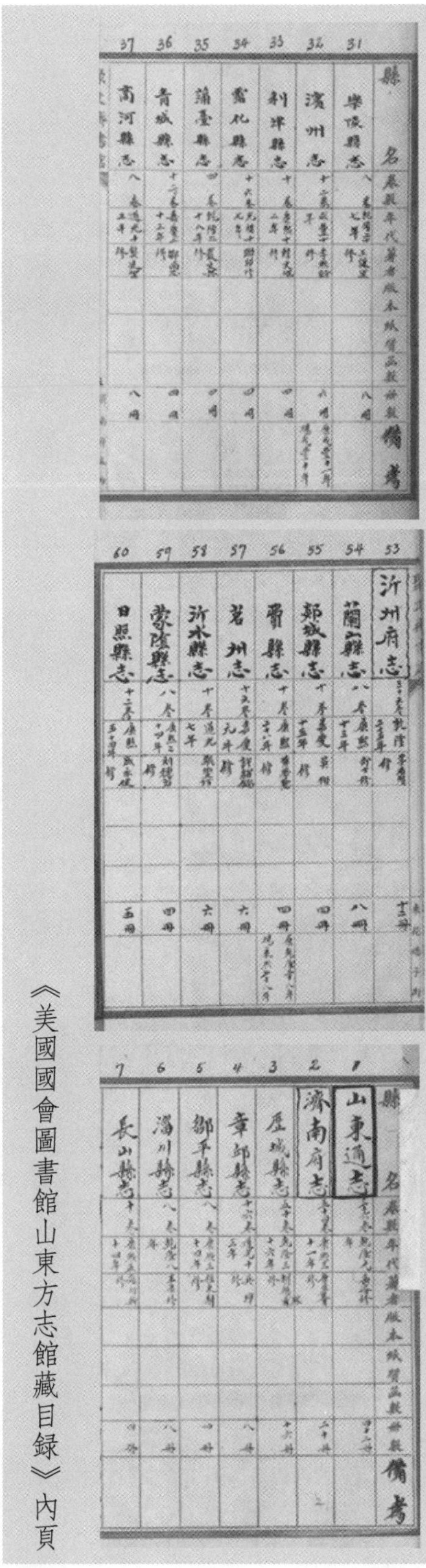

《美國國會圖書館山東方志館藏目録》内頁

（七）姜別利書藏

姜別利（William Gamble，一八三〇—一八八六），愛爾蘭人，美國長老會傳教士。姜別利於一八五八年奉派來寧波主持華花聖經書房（The Chinese and American Holy Class Book Establishment），之後將印刷所改名美華書館，並於一八六〇年十二月遷至上海。他對中國的出版印刷事業有重大貢獻，成功發明用電鍍法製造鉛活字銅模，解決了漢字鉛活字印刷的關鍵問題，製成七種漢字出售，爲各地教會書刊所採用，世稱「美華字」（Gamble Character）。姜別利的成功引起國際社會注意，如日本政府及日本人本木昌造（一八二四—一八七五）曾委託他購置活字印刷機械及活字字型，因此他對日本活字印刷發展也有重大貢獻。一九三八年，姜別利的兒子William M. Gamble、女兒Anna Dill Gamble把他的書籍、手稿等一手珍貴文物捐贈給國會圖書館。

據館方紀録，這批文物包括中文古籍二百七十七種，總計四百九十三冊；英文及其他語言的書刊、檔案、文稿約一百二十種。中文藏品有姜別利在改良中文活字印刷術過程中參考的傳統經部著作和製作的樣本，也有西方傳教士編寫的傳教小冊子，以至近代天文、地理、數學、植物學與藥學等方面的各種中譯本。外語書刊方面，有早期教會醫院與其他機構的文書報告、上海與寧波的教會出版紀録、中英文雙語字典、《聖經》經文抄本與其他有關上海歷史的紀録檔等。[二]

姜別利照

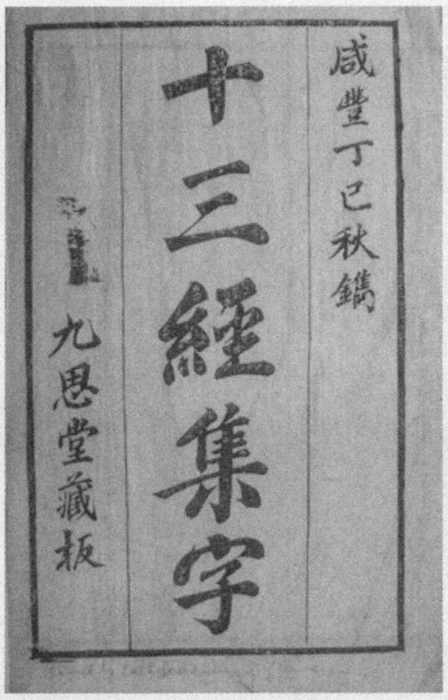

姜別利藏書之一：《十三經集字》（咸豐七年秋鐫，九思堂藏板）。

[二] 居蜜、楊文信：《美國國會圖書館姜別利藏品的整理淵源與解題目録》，《明清史集刊》，第一一卷（二〇一五年），頁四〇九—四六九。

（八）洛克與納西經書

研究中國少數民族，尤其西南地區少數民族古籍，國會圖書館是重鎮。館藏以藏文文獻最爲豐富，不過最爲人稱道的還是納西經書。納西文字是世界上僅有的、仍然有生命力的象形文字，在雲南麗江地區還有少數人在使用，而國會圖書館所藏的三千三百四十二種納西寫本雖非全世界最多，素質卻是最好的。[二]在豐富館藏文獻上，洛克（Joseph Francis Charles Rock，一八八四—一九六二）有着重大貢獻。

洛克是探險家和科學家，生於奧地利，後入籍美國。他大半生於中國西部偏遠地區度過，考察工作曾多次獲得國家地理協會（National Geographic Society）、哈佛大學阿諾德植物園、美國農業部和夏威夷大學資助。二十世紀二十年代，西方學界對納西經書產生極大興趣，但直到國家地理協會派出洛克往中國西南，才對納西文化與風俗有真正認識。洛克本來是要研究雲南北部的植物，但自從接觸納西社會後便沉醉於此。他在中國生活了二十多年，主要在雲南尤其納西地區，研究當地的文字和著作。他的首篇作品發表於一九二四年《國家地理雜誌》（*National Geographic*

［二］一九九八年，編者藉蔣經國基金會研究項目資助，邀請雲南省博物館朱寶田教授來館考訂納西經書，提出上述意見。文獻整理主要成果參 http://www.loc.gov/rr/asian-Naxi Manuscript Collection 或 http://international.loc.gov/intldl/naxihtml/naxihome.html。

Magazine）上。洛克的納西研究至一九四七年達至高峰，《中國西南古納西王國》（*The Ancient Na-khi Kingdom of Southwest China*）一書面世。洛克於一九四九年離開中國，但仍不斷整理歷年探險、研究成果，於往後數年間陸續發表出版。

自一九二四年起，國會圖書館即從洛克直接或間接收得大量納西藏品，尤其自一九二八年中文部成立，恒慕義便委託他代爲搜購中國方志。據《年報》，其大宗者如下：一九二四年，不少於六十九種納西經書；一九二八年，來自甘肅喇嘛的《大藏經》兩套，分别爲一百零八册及二百零八册，另附注釋及索引；一九三〇年，納西經書五百二十九册及東巴畫圖表十三種，大部分與宗教儀式有關，也有個别屬歷史類及劇目；一九三四年，洛克譯作五十餘種、所編納西—英語詞典、《木氏宗譜》摹繪本及原譜縮照、古西南地區石刻拓本四幅以及一批納西地區漢文歷史及地理文獻；一九三六年，中國南方各種稀見方志、洛克送贈的光緒二十年（一八九四）雲南《鶴慶州志》，以及他爲所見納西經書拍下的照片五百七十三册，不少與當地葬儀有關；一九三七年，中國方志一百五十一種，共一千零七十卷二萬四千六百五十一册；一九三八年，地方志一百三十五種。[一]直至一九四五年爲止，國會圖書館仍不斷從洛克和其他收藏家收得納西文獻，如一九四一年便一次購得洛克藏有的一千種經書稿本。

[一] *Report for the Librarian of Congress and Report of the Superintendent of the Library Building and Grounds for the Fiscal Year Ending June 30,1924*, pp.174-175; 1928, pp.313-315; 1930, pp.394-398; 1934, pp.481-486; 1936, pp.531, 539-540; 1937, p.546; 1938, p.576.

（九）王重民整理國會圖書館中文善本書

王重民（一九〇三—一九七五），字有三，中國目録版本學泰斗。一九二九年，他畢業於北平師範大學，隨即在北平圖書館任職。一九三四年，館方派他到法國國家圖書館工作，主要考訂法國所藏敦煌卷子和拓本。一九三九年，工作告一段落，第二次世界大戰爆發，他準備經美國取道太平洋回國。到美國時，適逢國會圖書館主管中日文藏書的恒慕義倡議整理館藏中文善本古籍，獲得洛克菲勒基金會（Rockefeller Foundation）通過美國學術團體聯合會（American Council of Learned Societies）資助，在館内開設一個中文編目專家的職位，邀請王重民就任。〔二〕他從一九三九年九月起即挑選古籍善本加以考訂，每書撰一提要。

《國會圖書館藏中國善本書録》封頁

抗戰期間，爲免在上海的珍貴典籍被日軍劫掠，國立北平圖書館命駐滬辦事處主任錢存訓付運一批善本書到美國，寄存在國會圖書館。根據一九四三年的《年報》，在該批爲數一百箱的善本書當中，圖書館人員打開了三十八

［一］參國會圖書館東方部中文組組長Edwin G. Beal, Jr.介紹王重民的履歷，載Compiled by Wang Chung-min, edited by T.L.Yuan, *A Descriptive Catalog of Rare Chinese Books in the Library of Congress* 國會圖書館藏中國善本書録（Washington, D.C.: Library of Congress, 1957），「前言」，頁一。

箱，由王重民撰寫提要，共完成六百二十四種（寄存書共二千八百七十種）。[二] 一九四七年，王重民離美返國，在北京大學校長胡適（一八九一—一九六二）邀請下，主持新開辦的圖書館學專修科，作育英才。

王重民在美國國會圖書館的第三年，據説基本上已經完成館藏中文善本的提要撰寫工作。但以當時美國的中文書印刷條件，不可能在美國印行此書。第二次世界大戰結束，王重民帶同提要的書稿回國。隨後國共内戰形勢急轉直下，國會圖書館再也聯絡不到王重民。幸而在他離館之前，國會圖書館拍攝了提要的手稿。在得知原定的出版計劃無法達到後，館方决定由袁同禮就手稿的攝影本進行編訂，整理出《國會圖書館藏中國善本書録》。[三]

（十）恒慕義主掌亞洲部及其贈書

恒慕義於一八八四年生於密蘇里州，學業成績優秀，入讀芝加哥大學，一九〇九年獲學士學位，後又取得碩士及神學學位。恒慕義對海外傳教工作很感興趣，一九一二年曾到神戶一間中學教英文，執教兩年。回美國後不久，他又於一九一五年以公理會（美部會，Congregational Church）教士身分來華傳教，先在北平協和華語學校學習中文，後轉到山西汾州（今汾陽）明義教會中學教授英文，長達十年。他勤於研究中國史地、文化、習俗，熟讀地方志，對中國的知識甚豐，閒時以收集中國錢幣及古地圖爲嗜好。一九二四年，他到北平華北協和華語學校（Yenching School of Chinese Studies，即California College in China）任國史教師，與馮友蘭（一八九五—一九九〇）、胡適、顧頡剛（一八九三—一九八〇）等人結交。一九二七年中國内戰爆發，學校關閉，恒慕義只好回國。

[一] "Annual Report of the Librarian of Congress for the fiscal year ended June 30, 1943", in Ping-kuen Yu（余秉權）compiled, *Chinese Collections in the Library of Congress: Excerpts from the Annual Report(s) of the Library of Congress, 1898-1971* (Washington D.C.: Center for Chinese Research Materials, Association of Research Libraries, 1974), V.2, p.712.

[二] 《國會圖書館藏中國善本書録》，Edwin G. Beal, Jr. 之「前言」，頁二。

同年夏天，恒慕義在Williams College講授中國文化，遇到國會圖書館地圖部主任Lawrence Martin。恒慕義提到他搜集的古地圖，Martin很感興趣，邀請他帶到華盛頓特區作鑒定。Martin並介紹他給普特南館長認識，普特南對他和他的收藏印象深刻。在一九二八年國會圖書館成立中文部，恒慕義獲邀爲首任主任。在任二十七年間，他苦心經營，採購大量亞洲藏書，使館藏中文書由上任時的十萬冊增至一九五四年退休時的二十九萬一千冊。他採購中文書籍所寫的文章，均收在《年報》之中。

恒慕義（左二）與國會圖書館同事合照

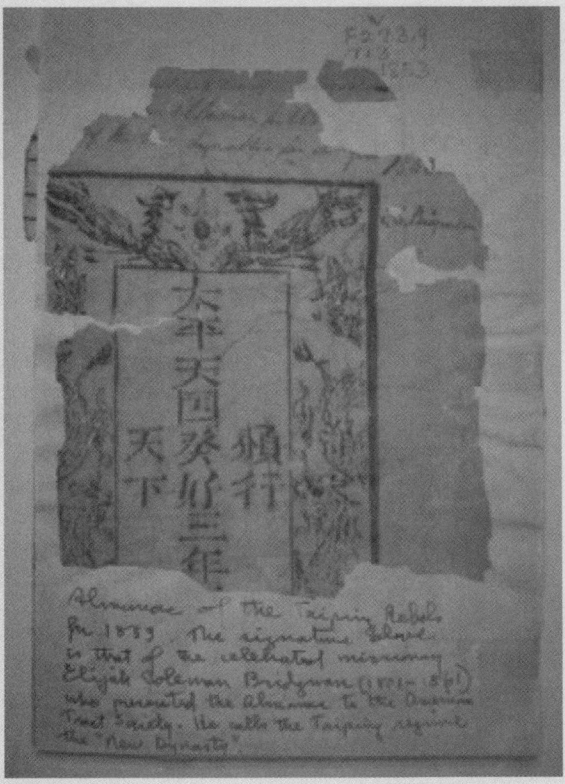

恒慕義書於顧盛藏書所收太平天國史料上的識語

一九三〇年，國會圖書館地圖部獲得恒慕義的第一批收藏品，是他在中國購得的三十八種地圖和地圖集。一九三四年，恒慕義專程往中國採購圖書，收得三十一種珍貴地圖資料。一九六一年，他又將個人珍藏的繪本地圖捐給圖書館。經恒慕義之手，地圖部總共獲得八十五幅從明代到十九世紀的刻本和繪本中國古地圖，包括軍事地圖、交通圖、陵墓圖、航海圖以及中國總圖和分區圖。國會圖書館的古地圖收藏，被公認爲在地理學研究上具有很高的價值。[一]此外，亞洲部亦收藏了他捐贈的若干中國古籍、硃卷、書畫等。他又了解中國方志的重要性，在任職期間進行大量採購，大大豐富了國會圖書館的方志收藏。

在搜集大批珍貴中文文獻後，恒慕義從中國邀請學者前來整理及作鑒定，成果斐然。一九三八年，他聘請國立北平圖書館編目主任吳光清整理文獻；二次大戰後，邀約上海商務印書館東方圖書館工作的徐亮來美幫忙；其他專家如朱士嘉（一九〇五—一九八九）、王重民、袁同禮等都先後作出重要貢獻。朱士嘉編《國會圖書館藏中國方志目録》，收録方志二千九百三十九種；王重民編《國會圖書館藏中國善本書録》，收録善本一千七百七十七種，撰成提要一千六百多篇。上文提到爲國立北平圖書館寄存的善本拍攝縮微膠卷，就是恒慕義的決定，項目由王重民負責，費時四年。後來，世界各地圖書館都要求複製這批膠卷，作爲學術研究的重要參考資料。

恒慕義也是早期美國漢學家之一。爲促進美國人對亞洲尤其中國的瞭解，一九二八年底他以美國學術團體聯合會負責人及美國東方學會會長身分，在紐約舉行首届促進中國學會議。與會學者一致認爲西方對中國的歷史文化所知甚少，強調建立「中國學」的重要性。這次會議意義重大，從此「中國學」正式進入美國學術研究領域。

[一] 參李孝聰編著：《美國國會圖書館藏中文古地圖敘録》（北京：文物出版社，二〇〇四年）的相關介绍文字。

一九三〇至一九三二年在哥倫比亞大學講學時，恒慕義遇到荷蘭學者J. J. L. Duyvendak（一八八九—一九五四），受鼓勵寫作有關顧頡剛《古史辨》的論文，遂將該書首册自序譯成英文出版，題爲《一個中國歷史學家的自傳》（*The Autobiography of a Chinese Historian*）。一九三一年，恒慕義以此論文獲荷蘭萊頓大學博士學位。

其後，恒慕義獲洛氏基金會資助，邀約東西方學者參加清人傳記寫作計劃，自任主編，從一九三四年起歷經十年，於一九四四年出版《清代名人傳略》（*Eminent Chinese of the Ch'ing Period, 1644—1912*）。這部著作是美國漢學界清史研究的重要成果，撰稿人除了五十多名特別研究生外，還不乏費正清（John K. Fairbank，一九〇七—一九九一）等知名學者。此書選録清代八百多位名人，就其生平和社會活動做了概述。胡適爲書作序，稱它爲具有開拓意義的著作；費正清也把它當作研究清代歷史的主要參考書。

回顧上兩世紀國會圖書館中文藏書的發展史，自民國改元後數十年間，中國國步維艱，無力顧及鄉邦文獻。國會圖書館悉力搜羅，對於中文典籍的保存居功至偉。館中所藏中文珍罕版本之多，至今尚無法作一完整目録。據粗略估計，明版書一千五百種，方志四千種，叢書亦極爲充實。若要了解善本收藏，收書學者本身的師承、學術造詣、語言駕馭、社交網絡及採購因緣際會均須注意。將古籍善本一一整理溯源，娓娓道來，從中可見中美外交文化史不爲人注意的一面——在殘酷的外交條約如《望廈條約》、《辛丑和約》簽訂之餘，傑出的外交官卻洞窺到文化交流才是兩國彼此了解、和平發展的最佳保障。而傳教士、學者、專業人士、圖書館上自管理層下至採購、翻譯、行政和研究人員的積極參與和貢獻，也是不可或缺的重要因素。

「善本選萃」編纂沿起與十部文獻介紹

以上縷述國會圖書館早期中文藏書的發展，但因書在中秘，一般來館學者往往只找個人研究所用書籍，未必熟知館藏其他珍品。編者有一心願，將館藏介紹於世人，使學界同人能按書索驥，共用珍藏。如今資訊科技發展到萬里咫尺、全球一家的階段，「收藏非要，能用至要」（accessibility is more important than ownership）的原則已經得到普遍認同。編者在館工作的頭二十五年，日日穿梭在書庫中，紮實地鑒定、熟諳、考證各種善本，並與來館的世界各地學者切磋。二〇〇五年國會圖書館展開中文善本數字化項目，由於善本書納入館後，以限制嚴格，地處遙遠，乏人知曉，少被翻動，書品均甚好。高解析度掃描後，影像效果，媲美原書。

自二〇〇八年起，編者在聯合國教科文組織（UNESCO）與美國國會圖書館WDL（World Digital Library）共同成立的國際教育合作計劃的平台下，主持策劃中文善本部分，至二〇一二年正式受聘爲國會圖書館館長室「世界數字圖書館」項目中文珍本庫主任。編者善本公諸於世的宏願，至此終於落實。國内善本項目《域外漢籍珍本文庫》爲國寶回歸，學術高檔，邀請編者推出「善本選萃」。一共收録著作十種，按其性質可分爲四大類，以下作扼要介紹。

一、政治·軍事類：《守苕血譜》、《七省沿海全圖》

《守苕血譜》彙輯陸自巖於崇禎十三年（一六四〇）至十六年（一六四三）出任湖州知府期間的政務文書。時值當地水旱迭至，防亂、賑濟、完漕諸務急在燃眉，自巖多方籌措，其間細節，咸括其中。該書提供的湖州個案，不僅具體展示了崇禎末年的社會危機，同時透露了明代地方政務運作背後的權力結構及潛規則，是研究明代社會的珍貴文獻。此書刊刻，適值崇禎亡國之際，加以題詩的黄道周（一五八五—一六四六），撰序的陳子龍（一六〇八—一六四七），及列名校刊的陸自巖門人韓繹祖等，均曾於順治初舉兵抗清，其艱於流通，可以想見，故僅見《（乾隆）湖州府志》著録，諸家書目不備，誠爲天壤間孤本。

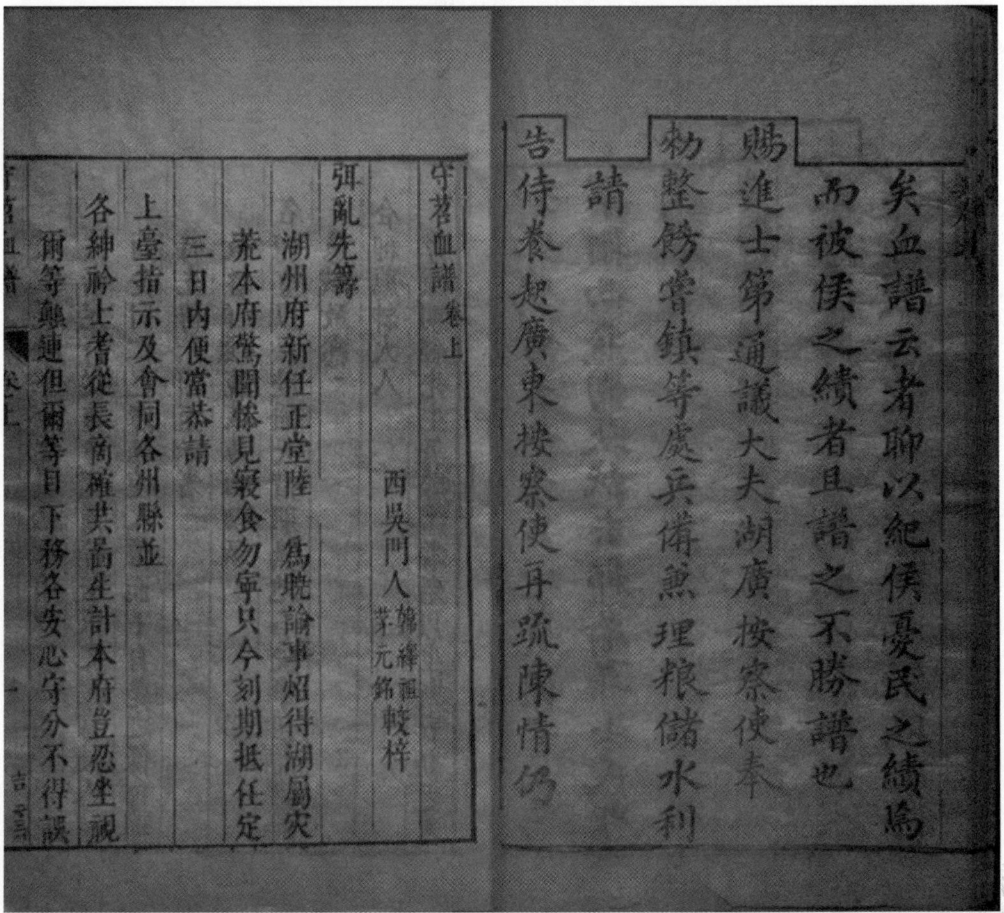
矣血譜云者聊以紀候憂民之績爲
而被候之績者且譜之不勝譜也
賜進士第通議大夫湖廣按察使奉
敕整飭嘗鎮等處兵備兼理粮儲水利
請
告侍養起廣東按察使再疏陳情仍

守苕血譜卷上
西吳門人韓繹祖 茅元銘 較梓
弭亂先籌
湖州府新任正堂陸　爲曉諭事炤得湖屬灾
荒本府驚聞悚息寢食勿寧只今刻期抵任定
三日内便當恭請
上臺指示及會同各州縣並
各紳衿士耆從長商確共畫生計本府豈忍坐視
爾等顛連但爾等目下務各安心守分不得誤

《守苕血譜》卷首接卷一

《七省沿海全圖》爲長卷剪裝，朱墨藍三色套印本，周北堂繪圖，邵廷烈校刻，道光年間（一八二一—一八五〇）刊印。七省指奉天、直隸、山東、江蘇、浙江、福建、廣東，所記沿海府州縣位置及險要處俱詳盡。冊首有但明倫序、陸嵩道光二十三年（一八四三）跋及邵氏凡例、自序。《七省沿海圖》前有《地平上半面天球緯綫一百八十度内方域全圖》，後附《江東形勝圖》及《吳淞口放洋圖》。此冊原爲黄彭年（一八二三—一八九一）所有，一九四〇年移藏國會圖書館。據冊末黄氏識語，咸豐七年（一八五七）至同治十年（一八七一）間嘗六校是書，其中咸豐七年據王慶雲（一七九八—一八六二）所藏此圖摹本補入《瓊州》、《澎湖》及《臺灣》三篇說略文字；翌年又取黄宗漢（一八〇四—一八六四）《浙江海運全案》重校全圖。《七省沿海全圖》爲清代海防輿圖類著作之一，其刊刻反映清中葉士大夫痛於鴉片戰爭之敗而思以整軍經武的濃厚經世意識。

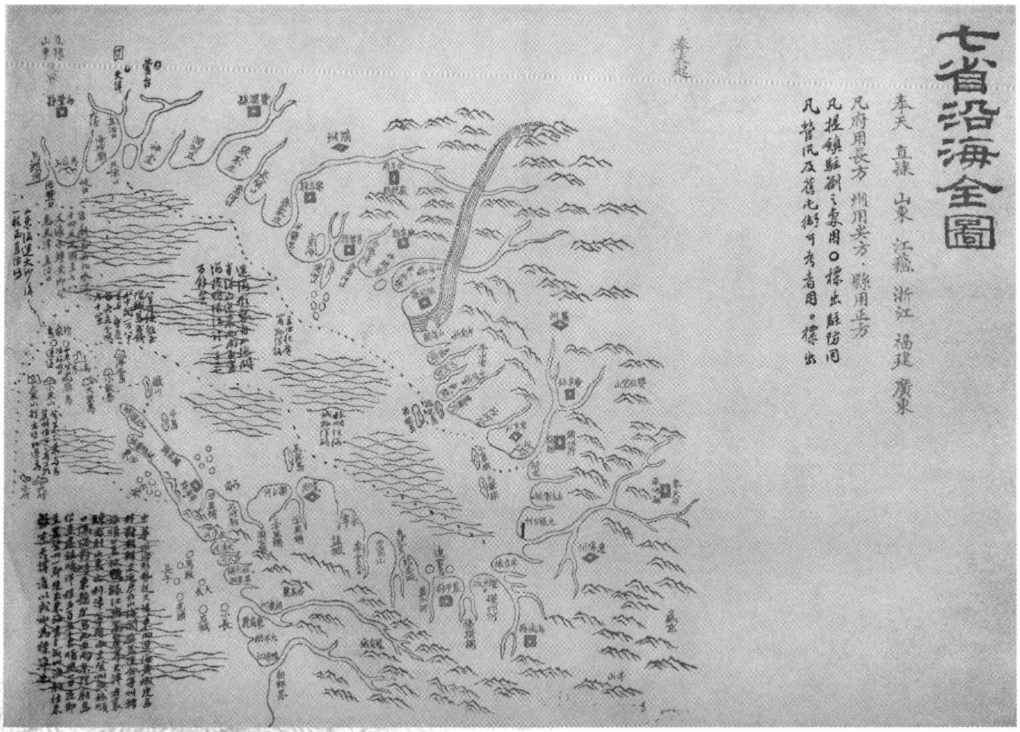

《七省沿海全圖》首圖

二、民族·地理類：《揚州府圖說》、《御製避暑山莊詩》

《揚州府圖說》是明代以地方行政區作範圍而繪製的全景式設色地圖，傳本極罕。描繪揚州府屬的設色地圖，見諸著録，只有中國鎮江博物館藏絹本《南京（部分）府縣地圖》內的揚州府屬圖和美國國會圖書館收藏的《揚州府圖說》。以國會圖書館藏《揚州府圖說》中的瓜洲、通州兩圖與鎮絹本圖已經公開的揚州府屬瓜洲和通州部分作比較，發現兩者雖然極爲相似，但內容仍有差別，如國會圖書館藏本標注的地名較爲詳細。鎮博藏絹本圖約繪製於萬曆中期，國會藏本約繪製於萬曆末至崇禎年間，兩者相去三十多年。又據著録，北京圖書館亦藏有《揚州府圖說》，爲清康熙間繪本，後於國會藏本亦大約三十多年。這裏率先將國會圖書館藏《揚州府圖說》完整複印，鎮博、北圖所藏兩種，日後如得以流通，將爲研究揚州史地的學者，提供由明萬曆至清康熙，大約以一世作間隔而連續繪製的極有價值的地理文獻。

《揚州府圖說·瓜洲鎮圖》

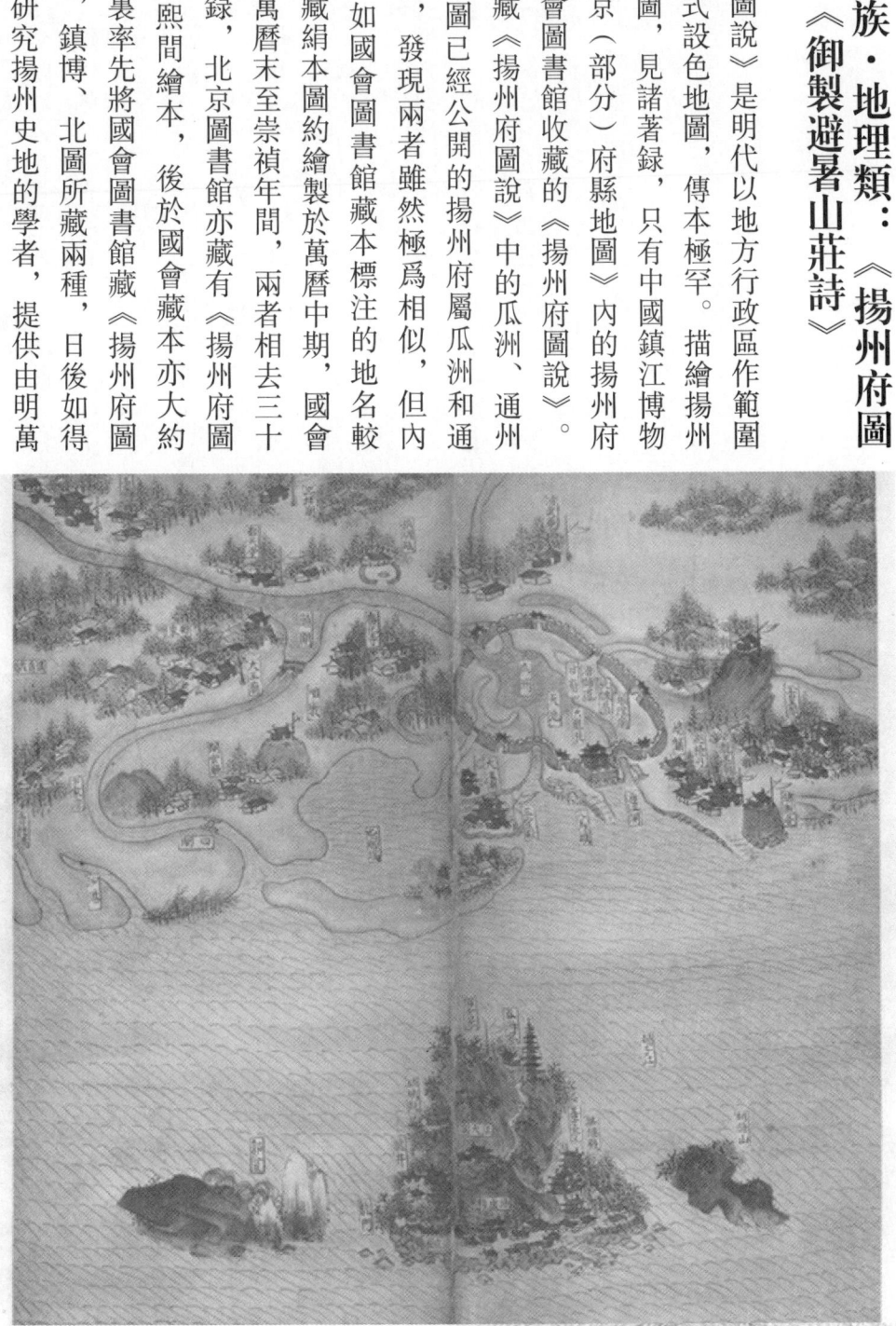

《御製避暑山莊詩》爲康熙五十年（一七一一）初刊本，上下卷，由朱圭（一七三一—一八〇六）、梅裕鳳雕版，含康熙御筆《避暑山莊記》及詠三十六景詩詞，有詞臣注釋與後跋。每首詩附木刻插圖，據張庚《畫徵録》，圖由沈喻所繪，刻工精緻，具御前供奉氣派。從御筆題記，知康熙暢遊全國勝景而獨鍾情於熱河，在承德建造的避暑山莊，是清帝真正的「夏宫」、秋季狩獵之地和具軍事訓練用途。山莊始建於康熙四十二年（一七〇三），到乾隆五十五年（一七九〇）竣工，分宫殿區與苑景區，佔地面積甚大。宫殿區依山臨湖而建，由正宫、松鶴齋、萬壑松風、東宫四大建築群組成。苑景區包括湖區，位於宫殿區之北，湖上樓臺、館榭星佈，風光宜人。湖區之北爲平原區，區内有萬樹園，爲打獵、賽馬之所，乾隆建文津閣於此。山區佔地最廣，利用山勢造景於林木、巒陂之間。康熙以帝王之尊避暑於此，盡遊觀之樂事，仍不免因物比興，自知「人君之奉取之於民」，故撰記作詩，以表「敬誠之在兹也」。

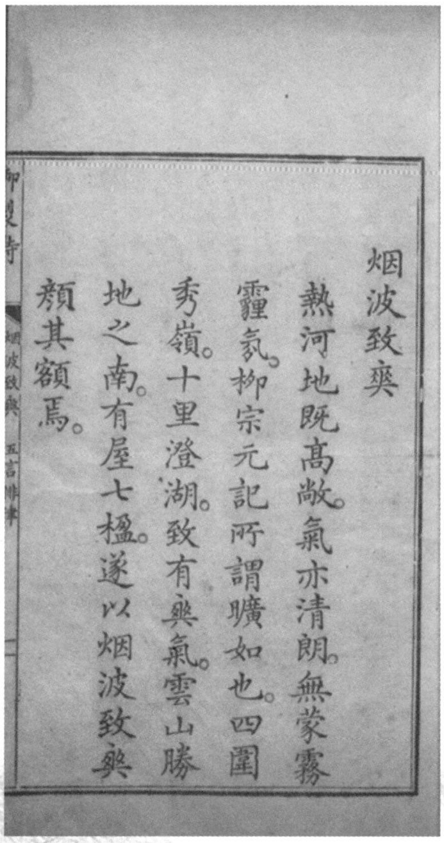
烟波致爽
熱河地既高敞。氣亦清朗。無蒙霧霾氛。柳宗元記所謂曠如也。四圍秀嶺。十里澄湖。致有爽氣。雲山勝地之南。有屋七楹。遂以烟波致爽顏其額焉。

《御製避暑山莊詩》正文首頁

三、宗教·社會類：《太洋洲蕭侯廟志》、《木氏宗譜》、《西槎彙草》

《太洋洲蕭侯廟志》按傳統四部分類，入史部地理古蹟之屬。此書國内只有民國十三年重刊本流傳，美國國會圖書館收藏的天啓二年（一六二二）原刊本，已成天壤間孤本。該本鈐有「子剛經眼」朱方印記，知曾經顧子剛收藏。江西新淦太洋洲蕭侯廟奉祀的蕭公，是明朝在民間有廣大信衆的水府之一，明刊本《三教源流搜神大全》、《（萬曆）續道藏》本《搜神記》，均有記載。這部由郭子章（一五四三—一六一八）輯撰，甘胤虬校刊的廟志，收載由明宣德至萬曆間，歷朝與蕭侯廟有關的敕諭、告文、采訪勘合、碑刻、詩文，多不見於他書。如景泰四年（一四五三）加封蕭公敕諭，《明實録》失載，廟志所録，可與當時閣臣陳循（一三八五—一四六二）《芳洲文集續編》收録的敕諭起草互證。這些資料，較爲全面地反映了蕭公信仰在明朝的演變和散播歷程，是研究明代民間信仰的珍貴文獻。

《太洋洲蕭侯廟志》卷一《蕭侯廟圖》

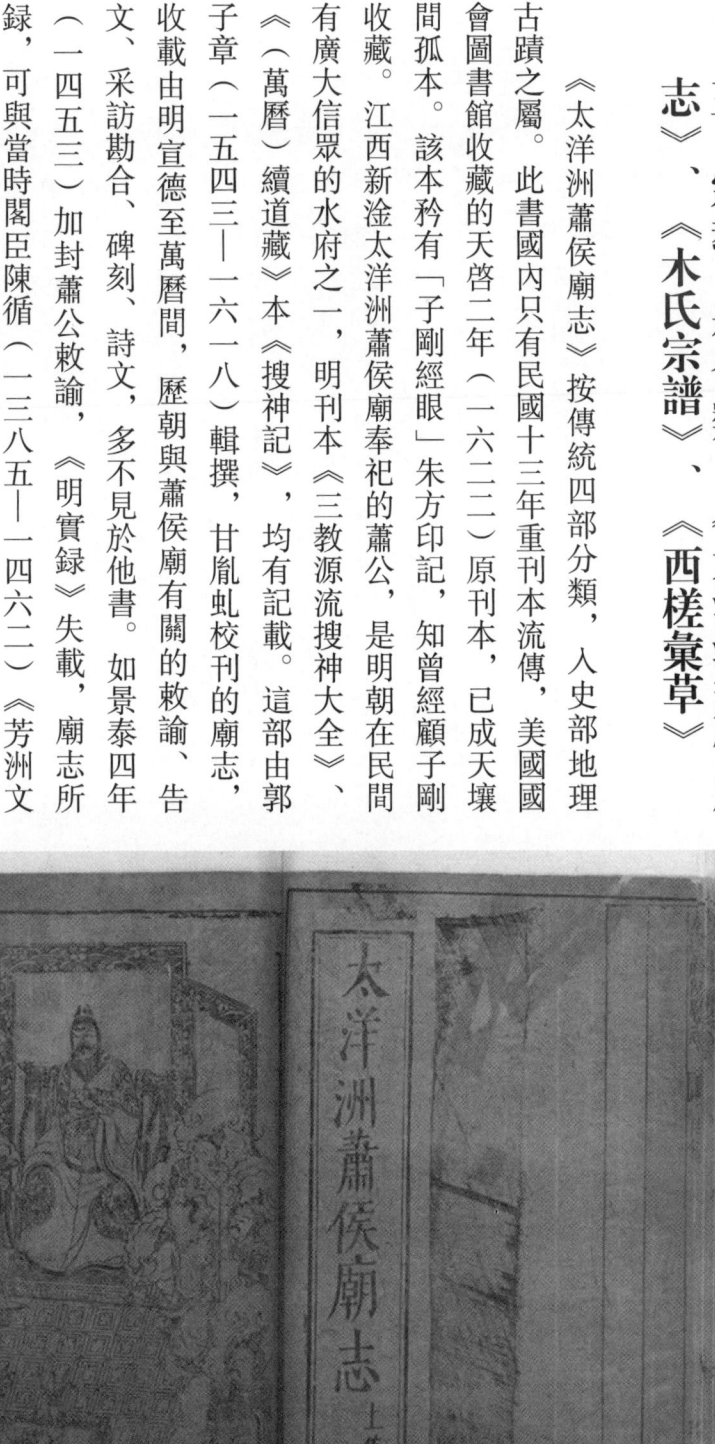

《木氏宗譜》，冊葉裝彩繪本，一冊，一九三四年入藏。此譜由木公初編，木氏後人增補，載有雲南麗江木氏土司祖先畫像及相關說明文字。民國二十年，洛克委託木氏畫家臨摹此譜。函面題「木氏宗譜，壬申秋，袁嘉穀書」，卷首有楊慎嘉靖二十四年（一五四五）序、陳釗堂道光二十年（一八四〇）題記、二十一年（一八四一）序及曹永賢同治四年（一八六五）跋後序，卷末有麗江府土通判題記及洛克英譯文。正文録木氏土司三十三世。一至二十五世有畫像及傳文，右圖左文；二十六至二十九世有畫像，傳文寥寥數字；三十至三十三世無畫像，僅有十數二十餘字不等的略傳。洛克對此譜甚爲重視，在所著《中國西南古納西王國》有較詳細記載。繪圖本《木氏宗譜》另有雲南博物館藏本，已經影印出版；又有「雞足山悉壇寺」本，亦經近人引録。三本之中，惟「洛克本」録有第二十六至三十三世略傳，較其餘兩本爲完備，爲國會圖書館納西文獻之瑰寶。

《木氏宗譜》）第一世《爺爺》

《西槎彙草》二卷，一函一冊，四十一葉，嘉靖十二年（一五三三）跋刊藍印本，浙江餘姚龔輝（一四八二—一五六六）著。嘉靖初營建仁壽宮，龔輝以工部營繕司主事奉使督木四川，得大木五千餘株，版枋如之。部劄欲再倍其數，公私俱困，民情洶洶。龔輝乃繪《山川險惡》、《轉運艱苦》等十五圖，前後各作圖説具奏，得旨停止。是書卷一收録《採運圖》及前、後圖説，卷二附載劄子三篇、詩九首，最後有曾璵《原木》及郊鼎《西槎彙草後》。是書天一閣原藏，清修《四庫全書》時採進内府，一九一八至一九二〇年間輾轉爲國會圖書館所得。《西槎彙草》之價值，首在其爲海内外孤本，次在以圖爲疏，呈現當時採運大木對四川以至沿路官民造成之沉重負擔，最後爲研究我國伐木方法及工具提供重要材料。自民初以來，海内外學者極少能親睹是書，《四庫全書存目叢書》編纂時欲收録之而未果，此次「善本選萃」加以整理出版，其重大意義自不待言。

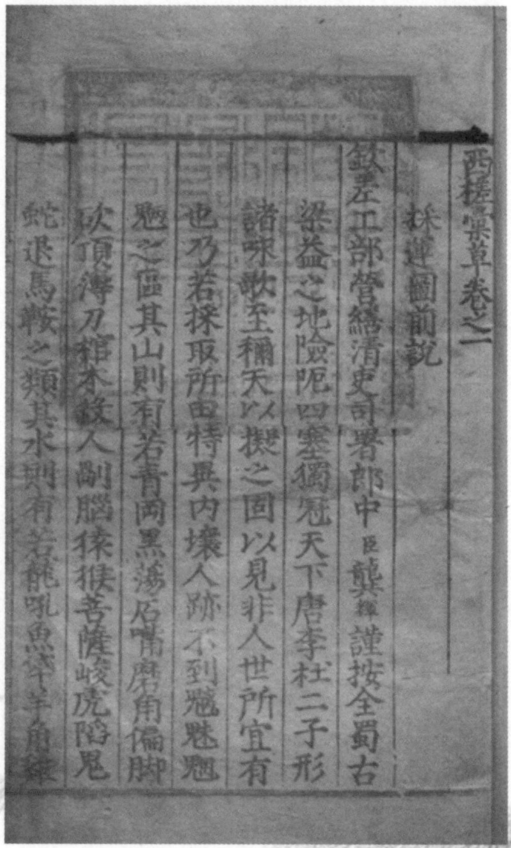
西槎彙草卷之一
採運圖前説
欽差工部營繕清吏司署郎中臣龔輝謹按全蜀古
梁益之地險阨四塞獨冠天下唐李杜二子形
諸咏歌至稱天以擬之固以見非人世所宜有
也乃若採取所由特異内壤人跡不到魑魅魍
魎之區其山則有若青岡黑蕩石門磨角偏脚
砍頂溥刀稚木設人副腦猱狌吾薩峻虎陷鬼
蛇退馬鞍之類其水則有若龍吼魚跳羊角鎮

《西槎彙草》卷一首頁

四、思想·文化類：《井心集詩鈔》、《齋中讀書記》、《方氏墨譜》

國會圖書館收藏的《井心集詩鈔》，可以説是清代雍正、乾隆年間文字獄的倖存文獻。作者陳梓，原籍浙東餘姚，但大半生寓居濮院、硤石一帶，深受浙西張履祥（一六一一—一六七四）、吕留良（一六二九—一六八三）等明遺民的思想的影響。他雖然生於康熙盛清之世，卻自覺是明朝遺民，對滿清切齒痛恨，拒絕出仕，先後推辭博學鴻詞、孝廉方正之薦。像陳梓這類以逸民作遺民的個案，過去對清初明遺民的研究，似乎還没有注意到。陳梓的詩文，傳世已刊者，有嘉慶二十年（一八一五）胡氏敬義堂重刊本《删後詩存》、《删後文集》，宣統二年（一九一〇）石印本《九九樂府》，《適園叢書》鉛印本《陳一齋先生文集》，及收於民國石印本《濮川詩鈔》中的《寓硤草》、《客星零草》；傳世寫本，有上海圖書館藏《陳古銘先生遺詩》、《客星山人詩鈔》、《三逸詩鈔》及復旦大學圖書館藏《陳一齋詩文集》等。以上各種，也許存有陳梓佚作，但都不能與《井心集詩鈔》相比。因爲這部詩集，是陳梓刻意囑托其平生知己謝秀嵐編訂，以存心迹；集名「井心」，即表明他視之爲「心史」的用意。可以説，捨《井心集詩鈔》，便無由解讀其人及其時代意義。

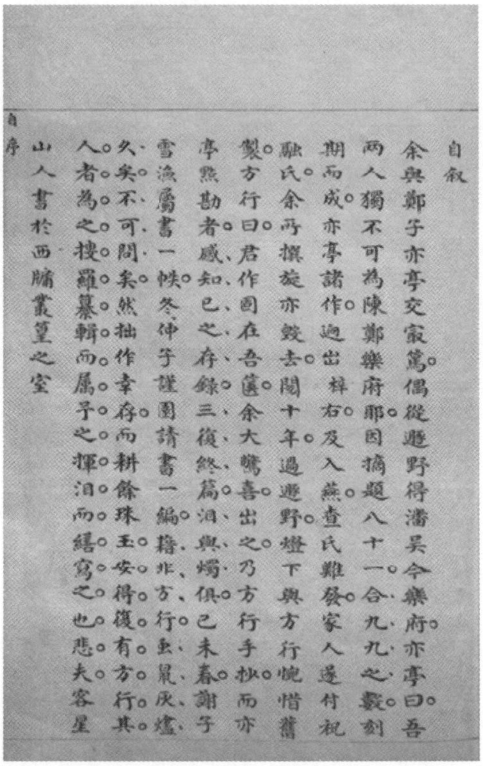

自叙

余與鄭子亦亭交最篤。偶從遊野得潘吴今樂府。亦亭曰。吾兩人獨不可為陳鄭樂府耶。因摘題八十一。合九九之數。刻期而成。亦亭諸作。迥出梓右。及入燕。查氏難發家人還付祝融氏。余所撰旋亦毁去。閱十年。過遊野燈下。與方行惋惜舊製。方行曰。君作固在吾篋。余大驚喜。出之。乃方行手抄。而亦亭無勘者。感知己之存。録三復。終篇。泪與燭俱。己未春。謝子雪漁屬書一帙。冬仲子謹圖請書一編。藉非方行。蟲鼠灰燼。久矣。不可問矣。然拙作幸存。而耕餘珠玉。安得復。有方行其人者。為之搜羅纂輯。而屬予之揮泪而繕寫之也。悲夫。客星山人書於西牖叢篁之室

自序

《井心集詩鈔》卷首《自叙》

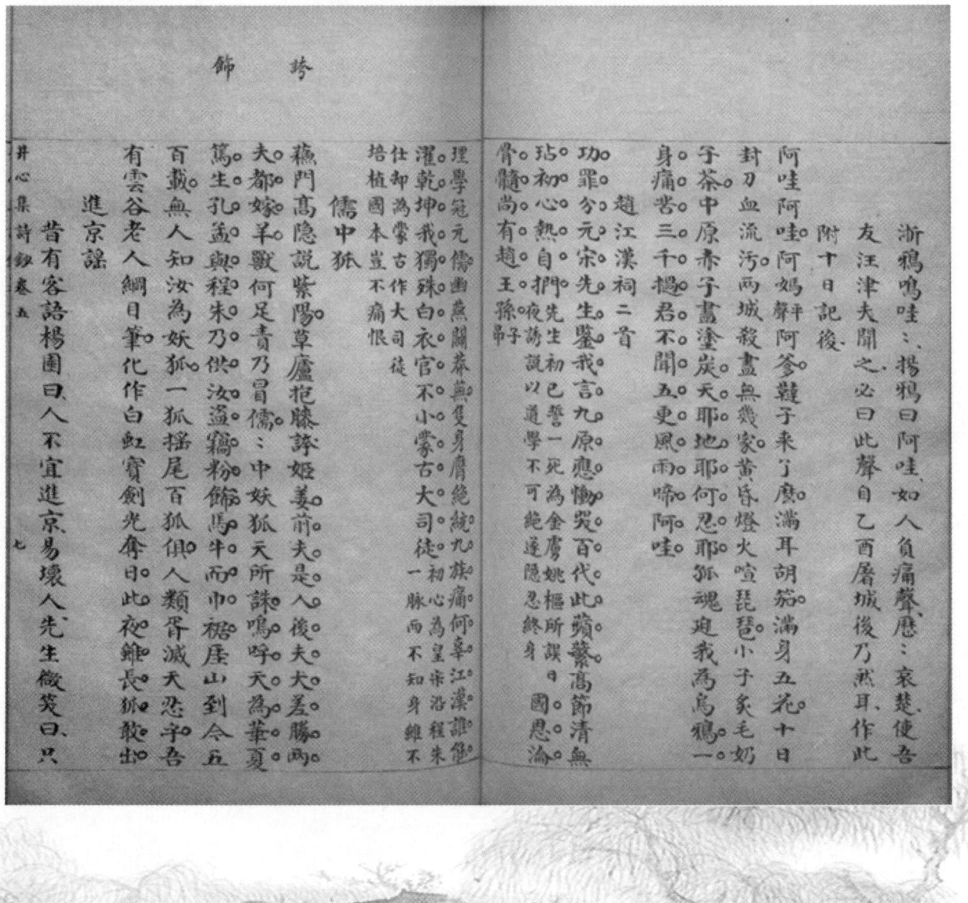

浙鴉鳴哇哇。揚鴉曰阿哇。如人負痛聲。憾憾。哀楚。使吾友汪津夫聞之。必曰此聲自乙酉屠城後乃然耳。作此附十日記後。

阿哇阿哇。阿媽聲阿爹。雛子來了麼。滿耳胡笳。滿身五花。十日封刀血流汚。两城殺盡無幾家。黄昏燈火喧琵琶。小子炙毛奶子茶。中原赤子畫塗炭。天耶地耶何忍耶。孤魂迎我為烏鴉。一身痛苦三千。憶君不聞。五更風雨啼阿哇。

趙江漢祠二首

功罪分元宋。先生鑒我言。九原悲慟哭。百代此蘋蘩。高節清無玷。初心熱自捫。先生初己誓一死為金虜姚樞所誤訪說以道學不可絶遂隱忍終身 國恩淪骨髓。尚有趙王孫。弟子

理學冠元儒。幽燕闢蓁蕪。復身膺絶統。九族痛何辜。江漢誰儋。濯乾坤我獨殊。白衣官不小。蒙古大司徒。初心為皇宋沿程朱一脈而不知身雖不仕卻為蒙古作大司徒培植國本豈不痛恨

儒中狐

藏門高隱說紫陽。草廬抱膝評姬姜。前夫是人後夫犬。差勝兩夫都嫁羊。獸何足責乃冒儒。儒中妖狐天所誅。嗚呼。天為華夏篤生孔孟與程朱。乃供汝遮竊粉飾。馬牛而巾裾。匡山到今五百載。無人知汝為妖狐。一狐摇尾百狐俱。人類胥滅天怨予。吾有雲谷老人綱目筆。化作白虹寶劍光奪日。此夜鉏長狐斂出

進京謠

昔有客語楊園曰。人不宜進京。易壞人。先生微笑曰。只

井心集詩鈔卷五 七

《井心集詩鈔》卷五《六卯吟》

《齋中讀書記》是陳梓先後於康熙五十五年（一七一六）及乾隆十三年（一七四八）寫定的讀書筆記的選輯，內容主要涉及《朱子小學》、《近思録》、元許衡（一二〇九—一二八一）《魯齋集》、明李公晦輯《朱子年譜》、明薛瑄（一三八九—一四六四）《讀書録》及《讀書續録》、明馮從吾（一五五六—一六二七）《元儒考略》及清陸隴其（一六三〇—一六九二）《三魚堂文集》。評論焦點在於重申宋理學所強調的《春秋》夷夏之防，批評自元以來，諸如許衡、吳澄（一二四九—一三三三）、陸隴其等曾經出仕外族政權的理學家。《讀書記》的內容雖然有點偏狹，但仍然處處透視陳梓思辨的敏銳。例如他批判明太祖（朱元璋，一三二八—一三九八，一三六八—一三九八在位）責危素（一三〇三—一三七二）不忠，命其守余闕（一三〇三—一三五八）廟，是不明華夏之義，可稱獨具隻眼。

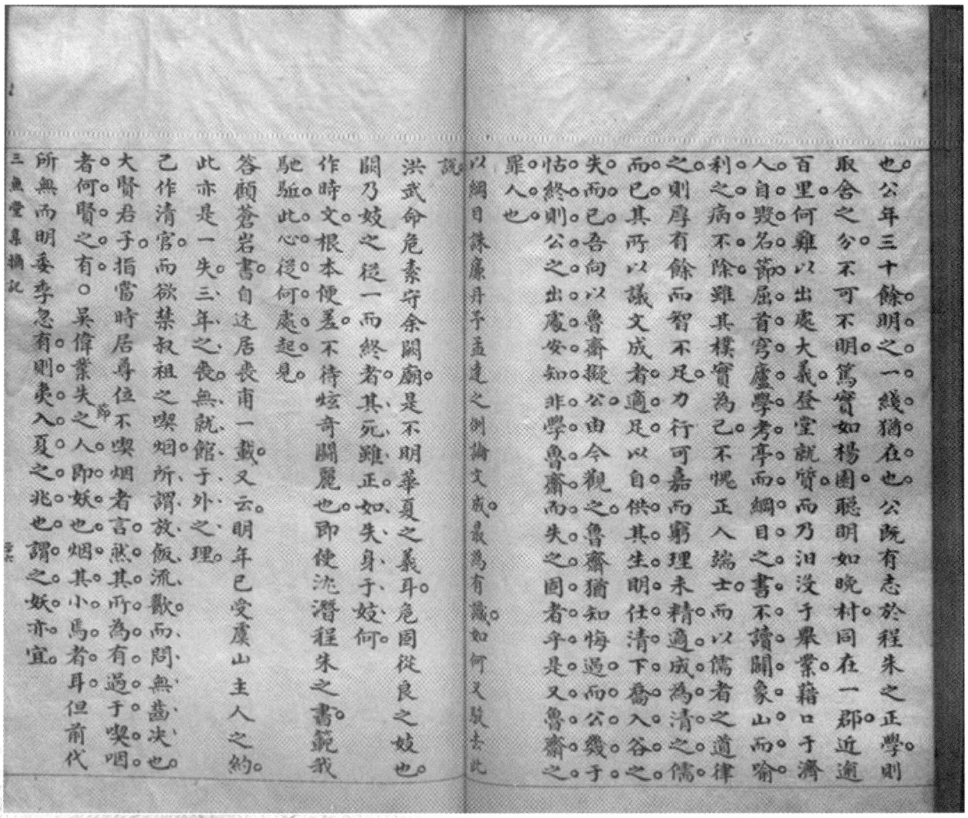

《齋中讀書記》附《讀三魚堂文集摘記》

《方氏墨譜》爲明代徽州四大墨譜之一，著者方于魯（一五四一—一六〇八）爲萬曆年間（一五七三—一六二〇）四大製墨家之一，墨譜題材千變萬化，墨模雕刻精美，所製墨曾上獻明神宗。美國國會圖書館藏萬曆十六年（一五八八）歙人黄守言刻《方氏墨譜》屬此譜的早期刻本。全書鈐印十七種三十七枚，從這些印章和書中夾附的紙條、識語，可知此譜原屬朝鮮學者金光遂（一六九九—一七七〇或一六九六—？）藏書，後歸「小金剛學人」李膺信（活躍於十九世紀上半葉），再由德川時代江戶老書店淺倉屋吉田久兵衛收得，至二十世紀初葉入藏國會圖書館。全書二函八册，正文每卷由一組圖案版畫構成，以「國寶」、「華寶」、「博古」、「博物」、「法寶」及「鴻寶」爲題。譜中又收録學者文士及書畫家的贈序及題跋，文字高雅，書法優美，有較高的藝術和文化價值。

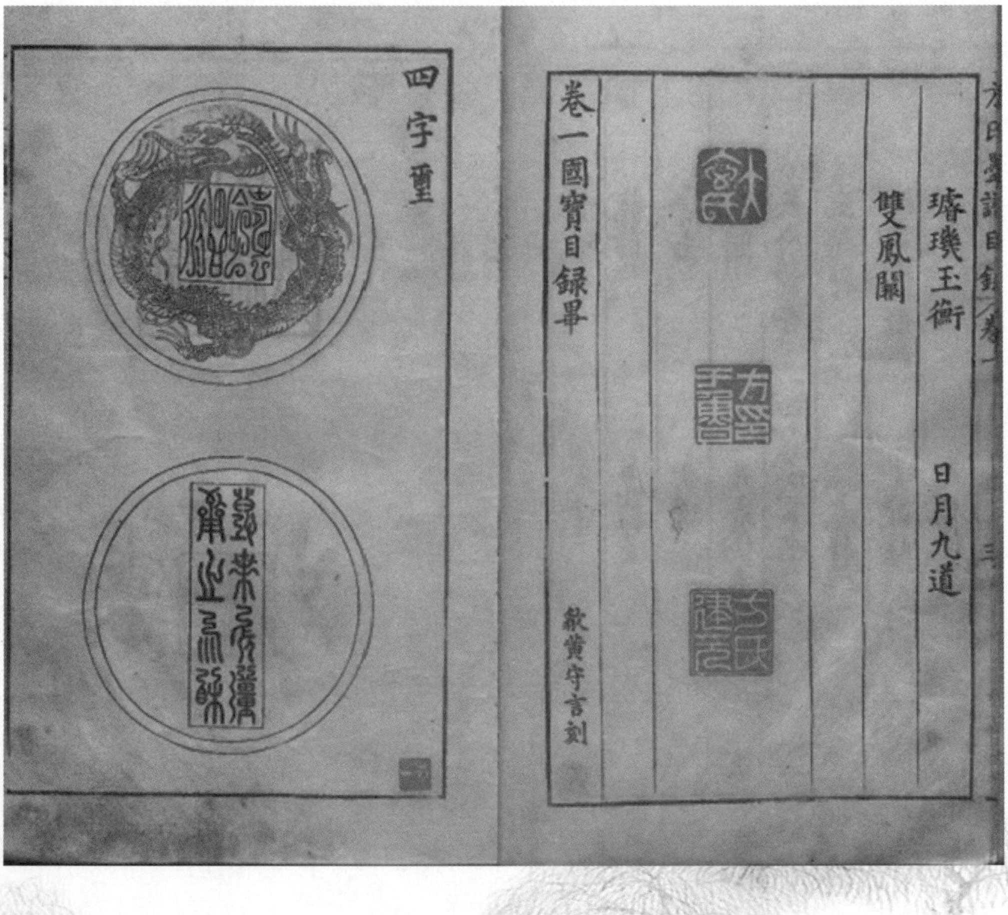

《方氏墨譜》正文首頁

以上所列十種著作，電子影像均在「促進國際和文化間的相互理解；增加互聯網上文化內容的數量和種類；爲教育工作者、學者和普通觀衆提供資源」的宗旨下，由國會圖書館提供予世界數字圖書館。[二]大規模的全書存真展現工作，更能看出收藏意義、學術價值和文化推動的相互關係。

「善本選萃」所收十部書的一大特點，是往往多具收藏家的印章。古籍研究者對藏書印都很重視，而明清時代的古籍收藏家和當時政治、文學藝術的關係都很密切。印章是信物、藝術品和歷史文獻，書畫家在作品上蓋章，收藏家、鑑賞家在名家書畫、善本書籍、金石拓片上鈐印，有表徵身分之意，因而印章圖記爲後人鑑定古書提供重要綫索。研究中國藝術的歷史，這是很大的便利，且延伸成爲今日「鑑僞」的有力依據。編者長期與書畫、古籍有近距離的接觸，培養起「印記鑑僞」的濃烈意識。同一位書畫家一生中可以擁有數十甚至上百枚印章，不同時期使用的印章也會有差別。書畫家、收藏家、鑑賞家用印有其個別習慣，印色也不盡相同。有時印章有殘缺、磨損，前後期作品即使蓋上相同印章，但效果也會不同。作僞者只要有一處疏失，就會留下證據。善本書籍上的印記，作僞相對較少，正可作爲書畫印鑑的輔助。在進入電腦數據化的年代，收藏印記又可作爲復原書籍流傳的引綫，進而成爲歷史研究的旁證。廣義來說，所有加諸書籍上的「印記」、「眉批」都是讀書人留下的重要痕跡，無論在史、在藝，我們做爲後人都應珍惜，善加利用。這方面還有大量的工作沒有做好，是一個還有待好好開發的領域。[三]

[一] 參世界數字圖書館網頁「中文善本古籍收藏」一項開列電子影像所附拙著解題文字：http://www.wdl.org/zh/search/? q=chinese-rare-book-collection&qla=zh。

[二] 古籍善本的印記辨識和鑒證工作，數年來得到臺灣資深印石及篆刻藏家王粹人先生大力幫忙。

善本古籍的出處，是編者在國會圖書館工作三十五年來最感興趣的部分，也是最費周章的研究課題。國會圖書館的收書史，與中國政局、學界、出版界和藏書家的相互關係，以至歷史上各種因緣際會息息相關。綜而言之，是一部中美外交文化史。善本，是古籍，也是古董，在時代的演繹中曾飄洋過海，經歷不同藏書家與淵藪；每本善本的背後都有一分與歷史、與學者、與漢學難以割捨的感情，實爲可貴。遴選國會圖書館的善本古籍，正好爲我們重新審視兩國的歷史發展提供另一良機。編者的工作，除了邀請兩國的專家學者詮釋解讀這些珍品，還影印原書，盡量提供歷史佈局、文獻佐證。相信通過這番苦心和運作，善本古籍不再是束諸高閣的舊笈，而是全球讀者益智和怡情的良伴。

前言

楊文信

一、龔輝生平與明朝中葉政局

龔輝，浙江紹興府餘姚縣鹿亭鄉石潭村人，生於明憲宗（朱見深，一四四七—一四八七，一四六四—一四八七在位）成化十八年（一四八二），卒於明世宗（朱厚熜，一五〇七—一五六七，一五二二—一五六七在位）嘉靖四十五年（一五六六）。龔輝於正德十一年（一五一六）舉鄉貢，嘉靖二年（一五二三）成進士，在此後的近三十年間出任中央與地方不同官職，爲採木修殿、平定盜寇、疏濬河道、築城備械做出貢獻，是明朝中葉多才實幹、爲民請命的代表官員之一。

龔輝的生平事蹟以及交遊出處，研究者較多引用焦竑（一五四一—一六二〇）等編《（國朝）獻徵録》所收呂本（一五〇三或一五〇四—一五八七）《通議大夫工部左侍郎贈都察院右都御史龔公輝墓志銘》的文字：

公姓龔，諱輝，字實卿，號笑齋，晉大夫堅之後。渤海守遂、諫議大夫勝、太常武顯於漢。有國淵者，官於越，愛雲門山水，因家焉。至唐侍御史俊避黄巢亂，隱居小皎之上，即今龔村。再徙石潭，有功德於民，廟祀不絕，實爲公始祖。凡若干傳，生公祖璋，斂德弗耀；考森，任宿遷丞，致仕。督府就其家徵用，已復歸，號「見一」，皆以公貴，贈通議大夫工部左侍郎。祖妣沈氏、妣方氏，俱贈淑人。公生而岐嶷，穎異過人，丱角即究心經史，至忘寢食。補邑庠弟子員，每試輒居首，以詩領正德丙子鄉薦第二，登嘉靖癸未進士。尋丁内艱，服闋，授工部都水司主事。丁亥（嘉靖六年），命董浙（江）、直（隸）、江西竹木，事竣北上，復以營仁壽宫、先蠶壇殿，敕公督大木於四川及貴州西路。貴西路山不産木，檄下，赤（水）、永（寧）二衛以狀白公。公單輿親詣其地，果如狀，遂具疏請停免。得旨，允其奏，於是公往四川，得大木五千餘根，板枋如之。而部劄欲再倍其數，公私俱困，民情洶洶。適慧【彗】星見，[一]詔求直言，公遂上《蘇民困以弭天變》疏，其略謂：『四川僻處一隅，而巨木多在深山窮谷，採取必弔崖懸橋而出，況連年兵荒相仍，民窮財盡，殊可憂也。竊計郊壇蠶室漸次落成，仁壽一宮亦當無幾，解過木植，似足應用。』仍繪《山川險惡》、《轉運艱苦萬狀》一十五圖，各爲貼說具奏，人咸爲公危。幸荷先帝聖明，即命停止，蜀民如脫焚溺，相攜持頂禮號泣隨公車。比出境，未幾吏部覈公資俸，奉旨陞二級，留京用，爲同使者援例以請，竟註公福建按察司副使。隨丁外艱，服闋，以副使提督陝西學校。公以關中士習有奇氣，文章學西漢語，而於義理精微或鮮窮究，乃日進博士弟子員，相與切劘身心之學，一時多深造之士。隨陞本省參政，敕理《黃冊》。巡按浦公（鎔）檄公爲《全陝政要》一書，[二]軍民利病畢載，尤詳於制虜折衝之具。二十二年，陞廣西按察司，旋轉廣西右布政使，以征蠻勞勩，與有銀幣之賜。二十六年，轉湖廣左布政使，未幾擢都察院右副都御史提督南贛軍務。甫至，旁邑同安盜發猖獗，公嚴督所屬，並隣境協力夾攻賊，隨授首。論者以公運籌收功之速，不知同安非公屬也。繼而懸繩、掛坑、苦竹、大山、白葉洞三巨寇劉廷選、蕭鐵古、陳榮玉等各恃險負固，劫掠三省，而懸繩尤甚。知縣施嵩爲下所誤，反寄爪牙賊中，恣其搏噬以逞。公乃行十家保甲法如故事，然陰檄漳南、嶺北諸道，或分布犄角以備聲援，或設伏間道以防奔逸，部勒所司，各率精銳，三路並進。後遍揭曉諭，使相捕自贖而攜其心。一夜，兵忽至門，遂平懸繩之巢。其他二巢漸次剿滅，例當以捷聞，得廕敘，公以「議處地方事宜」具題，僅奉旨陞俸一級、賜銀五十兩、紵絲四表裏。仍順輿情爲善後之策，措置毫髮不擾於民，民大悅，相率立祠祀公，名「報功祠」。二十七年，勑總督漕運兼巡撫鳳陽等處，時河流忽東南注，淮市廛幾大決。議者以爲必上聞，公曰：「民危在旦夕，而循故事待報，此於避形

[一] 原文錯別字，俱以【】標示正字。
[二] 王昶等纂修：《（嘉慶）直隸太倉州志》（上海：上海古籍出版社，一九九五年；《續修四庫全書》本），卷一五，《選舉》，《附録嘉定縣未隸太倉州以前科目》載：「浦鎔（原注：正德十二年舒芬榜）。」（頁二六三）

跡爲善，非任事之體。」亟下令就決所築堤，實土於破舟，沉之，旋壓以石，水勢亦漸緩。凡若干月，費若干而堤成，闊若干丈，淮人賴之，立碑於鎮河下，以紀功德。其他去債帥、節浮費、疏泉源、均勞逸，凡有益於地方者無所不至。二十九年四月，陞大理寺卿；六月，陞工部右侍郎；九月，轉左侍郎。會虜初去，奉勑督修太倉，復兼築外城及戰車兵仗，費省功倍，至今人稱之。是年十月，始考滿，獲請封廕，後以銜公者欲中公，無他可指摘，竟改公留都。公之南也，人皆以爲吏隱，可坐糜廪禄，循轉華堦。公淡於宦情已久，遂決意乞休，奉旨，准致仕。公即日戒行，乃遵宿遷公遺意，改號「見二」。士大夫設祖都門外，傾城出送，作《完名篇》以美之。公性和悦甚，宛若笑然，故就而見者，相與稱公爲笑齋。公曰：「是善名我」，因爲號。比其當官，屹然法守不可奪，大利大害，視義所在，不少避就。尤篤於孝友，平居懷慕父母，老而不衰，四時祭享，未嘗不潸潸淚墮。痛弟早亡，撫諸孤一如己出，悉以祖遺田宅畀之，且加益焉。公族繁盛，著《宗約》一篇，其教在遵行孝弟，更相敬讓爲本，各隨資性，習士農爲業，以及鄉之人共舉行之，遂成仁里。自筮仕來，奉勑八道，遍歷九州，所在立祠報德。公每以盈滿爲懼，未嘗治垣屋、市田園，菲食惡衣，不異寒士，惟以教子課孫爲事。與少司寇東橋楊公（楊大章）輩爲「可常會」，賦詩奕棋，竟日而罷，每月人一舉之。詩文皆溫雅簡切，若干卷藏於家。《西槎疏草》二卷，其疏若圖采入《經濟録》、《全陝政要》二卷，皆行於世。[一]

呂本，字汝立，號南渠、期齋，亦餘姚人，嘉靖十一年（一五三二）進士，官至武英殿大學士兼管吏部事，嘉靖四十年致仕還鄉。[二] 呂本以同鄉人記同時事，雖有小誤（見下文），仍然是第一手的可靠資料。不過，《獻徵録》所收《墓志銘》是删改本，呂本的原文見於萬曆三年（一五七五）鄭雲鎣（嘉靖三十五年進士）等刊刻《期齋呂先生集》，題《通議大夫工部左侍郎贈都察院右都御史見二龔公輝墓誌銘》。兩文相校，《獻徵録》的删改本除删改原文

[一] 焦竑輯：《（國朝）獻徵録》（上海：上海書店，一九八七年），卷五一，《工部》二，頁二一五七—二一五八。

[二] 呂本生平參過庭訓：《本朝分省人物考》（北京：北京出版社，二〇〇〇年；《四庫禁燬書叢刊》本），卷五一，《呂本》，頁六〇一—六〇二。

部分句子外，還把「皆行於世」句後的如下内容削去：

在林下十有五載，觀風者必首加敬禮，時有存問，仍扁其堂曰「天下達尊」，[一]公謝不敢當。四川敘州府故有諸葛武侯（亮）、黄文節公（庭堅）祠，於是郡人念公德不置，又立公生祠，有司春秋祀之。檄至邑，以白公，時易簀前一月也。公生於成化壬寅年九月二十五日戌時，卒於嘉靖丙寅年八月十五日午時。明年訃聞，適今上飛龍之春，以老成淪喪，傷悼良深，特霈卹恩，用酬往勩。贈都察院右都御史，錫之誥命；仍遣官諭祭，命有司營葬事。公配周氏，宋學士公鍔之裔，今中丞莓崖公之姊，累贈淑人，先公卒，特賜並祭，蓋異數也。繼娶葉氏，封淑人。子四，長俟，任某；次位，任某，周淑人出。次脩，任某；次僎，某側室孫氏出。女一適某，任某。孫男八，某某，孫女四；曾孫男一，曾孫女一。將以是年某月某日葬某山之陽，與周淑人合焉。公子位等奉陳宗伯所著《狀》屬予銘諸墓石。嗚呼！公文章政事、忠貞廉節，海内士類想望其風采，宜正位端揆，以霖雨天下者數十年。及其還也，愛君憂國之心，未嘗一日忘。又推其餘以親睦宗黨而化導鄉人，使賢愚大小罔不歸心焉。孔子所謂：「中心安仁，天下一人而已者」，[二]非耶？予生也晚，居相近，幸得與公同朝，辱教愛居多，則知公者莫予若。今典刑尚在，而老成云亡，方切傷感，予安忍銘哉！又不敢辭，乃敘而銘之。銘曰：「維公幼齡，蜚英挺特，早登甲科，薦躋華職。熙熙和氣，貯在春顔，守法持正，屹若泰山。因事納忠，蠲瘼拯溺，功見言信，立德底績。來副人望，去永民思，頌聲載道，何處無祠？豈曰不崇，司空之佐，輿論未厭，宜先八座。超然引去，公炳見幾，笑傲煙霞，礪世脂韋。德可照隣，壽逾大耋，俾熾而昌，綿綿爪瓞。悠然仙逝，完名曷如，

[一] 趙岐注，孫奭疏：《孟子注疏》，載阮元校刻：《十三經注疏》（北京：中華書局，一九八〇年），卷四上，《公孫丑章句下》有言：「天下有達尊三：爵一，齒一，德一。朝廷莫如爵，鄉黨莫如齒，輔世長民莫如德。惡得有其一，以慢其二哉！」（頁三六九四）

[二] 鄭玄注，孔穎達等正義：《禮記正義》（《十三經注疏》本），卷五五，《表記》第三二有言：「中心安仁者，天下一人而已矣。」（頁一六四〇）

天子憫悼，士類欷歔。恤典攸隆，佳城維吉，勒詞於幽，歷歲千億。」[一]

除卻銘文，這段文字不多，但是清楚記載了龔輝的生卒年、妻兒姓名及姻親背景。其原配妻周氏爲浙江鄞縣周相之姊，而周、龔二人同年成進士，《（乾隆）鄞縣志》載：

周相，字苺崖，登嘉靖二年進士。知臨川縣，發奸摘伏，民驚爲神，擢監察御史。靈寶縣奏黃河清五十里，詔遣太常往祀，羣臣表賀。相上疏言河未清，不足虧陛下德……帝大怒，下相詔獄，拷掠之，復杖于廷，謫韶州經歷，而諸慶典亦止不行。屢遷至參政，致仕，有以遺才薦者，起原官，晉廣東按察使，陞副都御史巡撫江西。會籍沒故相嚴嵩家，相監之，奇玩重器山積，一無所私。踰二年，復致仕歸。從子汝觀，仕至雲南按察副使。[二]

又《墓誌銘》提及的「陳宗伯」應指陳陞（一五〇八—一五六七）。過庭訓（萬曆三十二年進士）《本朝分省人物考》記載：「陳陞，字晉甫，餘姚人也，嘉靖辛丑（二十年）進士……陞贈禮部尚書，謚文僖。」徐象梅《兩浙名賢録》記陳氏卒時年五十九，而雷禮（一五〇五—？）《國朝列卿紀》記其卒年在隆慶元年（一五六七）。[三]《墓誌銘》據《行狀》撰寫，可惜目前仍未得睹《行狀》原文。呂本另有《祭少司空笑齋龔公文》：

嗚呼！節彼南山，巋然小皎，降靈發祥，人文斯肇。惟笑齋公，挺生矯矯，掞藻摛章，蜚英獨早。名魁科甲，志切君民，敭歷中外，利弊屢陳。以義制事，翕張縮伸，功見言信，受知一人。乃陟中丞，乃晉卿貳，令望彌崇，勳猷兼備。僉曰良哉，師表士類，何以宅之，端揆之位。公於斯時，獨炳先幾，投簪抗疏，飄然南歸。善

[一] 呂本：《期齋呂先生集》（臺南縣柳營鄉：莊嚴文化事業有限公司，一九九七年；《四庫全書存目叢書》本），卷一一，頁五六六—五七〇。《獻徵録》刪改原文之處不少，如於「號笑齋」句後刪去「更號見二」、於「比出境，未幾」句後刪去「時嘉靖十三年也」，其餘不贅。

[二] 錢大昕纂，錢維喬修：《（乾隆）鄞縣志》（《續修四庫全書》本），卷一五，《人物·明》，頁三二七。

[三] 《本朝分省人物考》，卷五一，《陳陞》，頁六〇九；徐象梅：《兩浙名賢録》（北京：書目文獻出版社，一九八七年），卷四二，《恬裕》，《禮部左侍郎陳晉甫陞》，頁一二一〇；雷禮：《國朝列卿紀》（《續修四庫全書》本），卷四五，《南京禮部侍郎年表》，《陳陞》，頁七一五。

化鄉俗，德始閨闈，完名全節，舉世所稀。有子有孫，繩繩蟄蟄，既膺繁祉，又躋耄耋。一夢仙遊，公亦何缺？訃聞天子，卹典隆絕。本素辱教愛，失此典刑，靈輀將駕，永入幽扃。感念疇昔，盡焉涕泠，誄詞薦奠，聊表微情。尚饗。[一]

於龔輝的品格與功業都有極高評價。

新史料的發現及對舊史料的更全面掌握，有助於從多角度瞭解龔輝的一生和他對嘉靖時代（一五二二—一五六六）所做的貢獻。二〇〇九年，四明山地區發現記載龔氏家族歷史的「孝思堂藏本」《四明石潭龔氏宗譜》。該譜修於光緒三十一年（一九〇五）冬，指該系始祖「仕宋而非仕唐」，即始遷祖不是唐代龔伸而是南宋龔俊，而龔俊遷石潭後，尊其曾曾祖龔昭爲一世祖，與《墓志銘》所載不同。[二] 龔輝是石潭龔氏二十世孫，父森於正德十年（一五一五）前後任宿遷縣丞。[三] 龔輝故居在鹿亭鄉，俗稱「擂鼓牆門」，坐落於石潭村上横。[四] 據《（雍正）浙江通志》，龔輝於正德十一年以經魁舉鄉貢，得次名，僅列同縣張懷之後，時年三十五。[五] 是科《鄉試録》選録龔輝答卷三份，首場「四書」一題，考官評其卷：「認理明白而措詞豐潤，僅見此篇。」「得孟子詞氣，傑作也。」

[一]《期齋吕先生集》，卷一三，頁六〇七。

[二] 龔國榮：《餘姚鹿亭鄉石潭村發現〈餘姚四明石潭龔氏宗譜〉》，http://blog.sina.com.cn/s/blog_6c33acec0100z0dn.html。錢茂偉主編：《小歷史書寫》第二〇輯收有《浙江餘姚鹿亭鄉石潭村龔氏家譜》，頁三七三—三八四，http://blog.sina.cn/dpool/blog/s/blog4dade78b0101jmvc.html。

[三] 張尚元纂，蔡日勁編：《（康熙）宿遷縣志》，載故宫博物院編：《高淳縣志·宿遷縣志》（海口市：海南出版社，二〇〇一年；《故宫珍本叢刊》本），卷五，《秩官·縣秩官表》，頁二九五。同卷，《名宦》條載有：「明迪功郎宿遷縣縣丞龔森」（頁三〇一）。

[四] 參陳青：《餘姚發現明代能臣龔輝故居》，《中國寧波網》二〇〇九年二月二一日，http://news.cnnb.com.cn/system/2009/02/21/005998978.shtml。

[五] 嵇曾筠、李衛等修，沈翼機、傅王露等纂：《（雍正）浙江通志》（上海：上海古籍出版社，一九九一年），卷一三七，《選舉》一五，《明·舉人》，《正德十一年丙子科》，頁二四二五。

「說得伊尹心事明白，無如此作。」於「詩」一題，亦評爲：「（周）成王心與德，諸作非窘則泛，此篇獨詞理超然，大有筆力。」「題難而形容至此，又不費詞，知是作手。」「典則之文，得頌體者。」第三場第三問屬「史學策」，考官一致評其卷爲「此答詳悉無遺，且一予一奪宛然春秋家法。噫！可以占吾子之所藴矣！」「此作於上下數千年史氏是非得失，歷歷如指諸掌，而斷制精詳，讀之使人歛衽敬服。佳士！佳士！」「記識博洽而議論精當，深於史學者也。」[二]不過，龔輝到嘉靖二年才登癸未科會試三甲進士第二百六十五名，[二]時年四十一，是科狀元姚淶（一四八八—一五三八）爲其鄉試同年。[三]

龔輝進士及第後任工部都水司主事，因嘉靖六年（一五二七）營造西苑仁壽宮、九年（一五三〇）復改築先蠶壇於仁壽宮側，奉命往各地採運大木。[四]龔輝因星變上疏，事在嘉靖十一年十二月或以後。他何時調任福建按察司副使，目前還不清楚。據《明世宗實録》，他改調陝西「提調學校」在嘉靖十六年（一五三七）九月己亥，[五]而《（雍正）陝西通志》之《右參政》及《按察使·副使》條均載録其名。[六]《墓志銘》提到他「日進博士弟子員」，韓邦奇

[一] 臺灣學生書局編輯部編：《明代登科録彙編》（臺北市：臺灣學生書局，一九六九年），第五冊，《正德十一年浙江鄉試録一卷》，頁二七一三—二七一四、二七四一、二七九四—二七九五。艾爾曼（Benjamin A. Elman）在研究科舉考試的「史學策」時注意到龔輝的答卷，參Benjamin A. Elman, "The Historicization of Classical Leaning in Ming-Ch'ing China", in Q. Edward Wang and Georg G. Iggers eds., *Turning Points in Historiography: a Cross-Cultural Perspective* (Rochester, N.Y.: University of Rochester Press, 2002), pp. 111-112.

[二] 張朝瑞：《皇明貢舉考》（《續修四庫全書》本），卷六，頁四一六。

[三] 《（雍正）浙江通志》卷一三二，《選舉·明·進士》，頁二三二八。

[四] 改築先蠶壇事見徐階、張居正等纂：《明世宗實録》（南港市：「中央研究院」歷史語言研究所，一九六二—一九六六年，據國立北平圖書館紅格鈔本微捲影印），卷一一〇，嘉靖九年二月癸亥條：「工部上先蠶壇圖式……上曰：『所構席屋甚多，不無糜費，其酌處財力，量建一二。』工部乃請止先蠶、採桑二壇，並具服殿及諸蠶室數十楹，餘皆罷之，報可。」（頁二五八五）

[五] 《明世宗實録》，卷二〇四，頁四二七〇。

[六] 沈青崖、劉於義：《（雍正）陝西通志》（《四庫全書》本），卷二二，《職官》三，頁六四下及八一上。許容修，李迪等纂：《（朝隆）甘肅通志》（《四庫全書》本），卷二七，《職官·分守河西道》載：「龔輝（原注：浙江餘姚人）」（頁五七下），

（一四七九—一五五五）外孫廩膳生張士棨（一五二二—一五五一）就是一例。張氏於嘉靖十八年時年十七，爲「提學龔笑齋取應秋試。」[一]《墓志銘》謂龔輝轉廣西按察使後旋陞任右布政使，但翻查《（雍正）廣西通志》，只載有前一項資料。[二]考《（萬曆）廣東通志》、《藩省志·秩官》、《右布政使》載：「龔輝（原注：餘姚人，進士，嘉靖二十四年任。）」至二十六年（一五四七）爲蔡雲程（嘉靖八年進士）所代；張岳（一四九二—一五五三）《小山類稿》，《報封川捷音疏》亦載：「……及照廣東布政司先後掌印左布政使朱紈、右布政使龔輝、按察司按察使駱顒、都司署都指揮僉事王寵，咸以地方爲憂，力贊征討之策……」則《墓志銘》「轉廣西右布政使」句中之「西」當爲「東」之誤。[三]

嘉靖二十六年至三十年（一五五一）間龔輝仕途之升降，《明世宗實録》有較詳細記載。嘉靖二十六年七月丙寅，有詔「陞湖廣左布政使龔輝爲都察院右副都御史，巡撫南贛、汀（州）、漳（州）。」[四]閏九月二十二日，龔輝與朱紈（一四九四—一五五一）在贛州府移交職務。[五]時慼繩等地有巨寇劉海輩盤踞其中，肆行剽掠，歷有年歲，前

是龔輝又嘗任此職。同書載其前任爲山西蒲州人張邦教，而後任爲山東東平人王汝孝。申時行等修：《明會典·萬曆朝重修本》（北京：中華書局，一九八九年），卷一二八，《兵部》一一載：「巡撫巡綏等處贊理軍務一員……分守河西道一員，駐劄慶陽，分理延、慶二府所屬州縣，兼管督修就近所屬城堡，分管慶陽衛，并環縣千戶所各屯田驛遞。」（頁六六二）

[一] 韓邦奇：《苑洛集》（《四庫全書》本），卷六，《外孫廩膳生南陽張士棨墓誌銘》，頁四〇上。

[二] 金鉷、錢元昌：《（雍正）廣西通志》（《四庫全書》本），卷五三，《秩官·明·按察使》，頁三二下。再查林富、黄佐纂修：《（嘉靖）廣西通志》（《四庫全書存目叢書》本），卷六，《職官表》四，「按察使」明載龔輝於嘉靖二十三年任，翌年由朱觀接任（頁八四）。

[三] 郭棐纂修：《（萬曆）廣東通志》（《四庫全書存目叢書》本），卷一〇，頁二五〇；郝玉麟、魯曾煜：《（雍正）廣東通志》（《四庫全書》本），卷二七，《職官志》二，《明·右布政使》，頁一七上載：「龔輝（原注：浙江餘姚人，進士，二十四年任。）」張岳：《小山類稿》（《四庫全書》本），卷三，頁九上—下。《期齋呂先生集》與《獻徵録》均作「廣西」。

[四] 《明世宗實録》，卷三二五，頁六〇二一。

[五] 朱紈：《甓餘雜集》（《四庫全書存目叢書》本），卷二，《轉浙閩謝恩》，頁二〇。

此周南（一四四九—一五二九）、王守仁（一四七二—一五二九）等均只能招撫羈縻，而劉海等虜官殺民、攻城劫庫如故。龔輝調兵分布要害處，「督率軍士三路並進，搗其巢穴，賊首就擒。」[一]二十七年（一五四八）八月辛未，同安山賊剿平，龔輝上奏議處後續事宜如下：

南贛巡撫都御史龔輝、福建巡按御史金城奏：「同安山賊雖平，而覆鼎巢穴猶存，後患當備，因條列便宜四事。一，白葉阪、雲嶺地方去龍安二縣百餘里，山林險阻，實爲盜藪。請即其地創建二堡，並立官舍營房，每歲令漳、泉兩衛官卒守之，而白葉阪尤險遠孤危，宜移源口渡巡司官兵，與之協守。一，覆鼎山、白葉阪賊既殄滅，其中山田可籍入官，給軍耕種，歲以所入爲公私費。一，武平、永定等處乃守備俞大猷信地，前者爲漳州所調，以致覆鼎賊起，倉卒失防，今宜行鄰省無輕調遣，俾守土者各盡其職。一，地方遇警，因損軍令嚴，輒不敢動調一軍，而募鄉兵拒敵，所養非所用，甚爲失策。今宜通行領兵官，凡有警，俱照北邊之例動調官軍征剿。其有奮勇力戰者，雖損傷軍士，仍與論功陞賞，而引避觀望者，雖仝軍無失，亦治其罪。」疏入，下兵部，覆可，詔俱允行。[二]

翌月丁亥，龔輝陞任都察院右副都御史總督漕運兼巡撫鳳陽。[三]二十八年（一五四九）二月癸亥，他上奏敘列平賊諸臣功次：

巡撫南贛汀漳都御史龔輝奏剿劇賊莆【蕭】鐵古等，諸寨悉平，因敘列諸臣功次，以福建僉事項喬爲首，次

[一] 此事詳情，參龔用卿：《都御史笑齋龔公平寇碑》，載氏著：《雲崗選稿》（《四庫全書存目叢書》本），卷七，頁一三〇—一三一。

[二] 《明世宗實録》，卷三三九，頁六一八四—六一八五。有關建言的第一項，顧炎武：《天下郡國利病書》（《續修四庫全書》本）《原編》第廿三冊，《江西》，《郴州》條載：「嘉靖二十七年，督、撫、右副都御史龔輝遣兵勦白葉洞賊陳榮玉、劉文養等，平之；勦永定縣苦竹大山賊蕭鐵古等，平之，疏地方三事，一，設堡鎮以據險要。」（頁一四）引録龔輝全疏内容，有詳盡説明。

[三] 《明世宗實録》，卷三四〇，頁六一九三。

則參政汪大受、王積，汀州府知府汪俅、漳州府知府盧璧、廣東僉事徐緝、參議朱憲章、江西副使高世彥等。詔升輝俸一級、賞銀四十兩、紵絲三表裏，喬二十兩、一表裏，大受等各有差。[一]

除《實録》所載諸人，功臣尚包括邵應魁（嘉靖二十六年武進士）。蔡獻臣（萬曆十七年進士）《明昭勇將軍惠潮參將榕齋邵公暨配淑人吳氏墓誌銘》有言：

贛故多峒，賊倚山哨聚，官府不可問。公奉檄往諭賊峒中，賊以兵恐之，不動；以妖冶挑之，復不動，竟俯首受約束聽撫。公歸報命，而中丞龔公輝、盧公勛咸疏薦公可大用矣。[二]

同年十二月己未，龔輝以淮安等處連歲災傷，戶口逃亡，建議選委廉幹官員安撫百姓，《實録》載：

巡撫鳳陽都御史龔輝奏：「淮安、贛榆、沭陽、安東、清河及海邳等州縣連歲災傷，戶口逃亡大半，而錢糧炤額科派，積年逋負，徒存虛數。又將見在疲民代償，日朘月削，存者必逃，逃者不返，窮困之極，恐釀他變。乞將積欠鳳（陽）、壽（州）倉糧盡行蠲免，庶凋殘少蘇，逃移復業。」戶部覆：「宜行撫臣，選委廉幹官查核倉糧。如係侵欺影射，務令追徵。若果小民逋負，以十分爲率，每年帶徵二分。其荒蕪轉徙，務令有司加意招復。若有實效，不次擢用。」詔從其議。[三]

嘉靖二十九年四月丁未，龔輝上奏議治黃河泛濫事：

總督漕運右副都御史龔輝、巡按直隸御史史載德各奏：「泗州逼近淮河，地勢低下，今黃河水決入淮，下流壅塞，其勢必且上溢，爲陵寢之憂，乞亟開直河口以通下流，築一陳莊、劉家溝二口以防衝決。仍命欽天監官一員，相度祖陵地脈，擇日興工。」工部議覆，報可。

[一]《明世宗實録》，卷三四五，頁六二五〇。
[二]蔡獻臣：《清白堂稿》（北京：北京出版社，二〇〇〇年；《四庫未收書輯刊》本），卷一四，頁四三八。
[三]《明世宗實録》，卷三五五，頁六三九七。

同月己酉，有詔改龔輝爲大理寺卿，[一]旋又改任工部右侍郎，九月乙巳再陞左侍郎。同月丁未，有詔令龔輝督理九門濠塹石壩。[二]十二月辛未，再有詔以龔輝三年秩滿，廕其孫衍爲國子生。[三]嘉靖三十年（一五五一）二月乙亥，龔輝自陳乞罷，世宗有詔照舊供職，然而同月丙戌，吏科都給事中張秉壺（嘉靖十七年進士）等「考察拾遺，劾……工部左侍郎龔輝……宜調用……得旨：『……龔輝改南京用』。」[四]其改官南京事，李默（一四九四—一五五六）《吏部職掌》亦有記載：

嘉靖三十一年，原任户部左侍郎駱顒、工部左侍郎龔輝奉旨改南京，用本部。查得南京止額設右侍郎一員，與左侍郎品級相同。題照正德十六年禮部左侍郎王瓚改補南京禮部右侍郎例，駱顒補南京户部右侍郎，龔輝補南京工部右侍郎。[五]

龔輝致仕後鄉居，呂本《通議大夫刑部左侍郎東橋楊公大章墓誌銘》言：

先生諱大章，字章之，東橋，其别號也……先生歷官幾四十年，而清約不異寒素，惟山林引興，日與少司空龔公輝、大參管公見、陳公塏、都運鄭公寅、貳守朱公同蔡觴詠談笑不輟，嘉言善行無一不爲後進所誦法。於乎先生，用則功在天下，不用則普及一鄉。[六]

[一]《明世宗實録》，卷三五九，均見頁六四二八。

[二]《明世宗實録》，卷三六五，頁六五二七及六五二九。

[三]《明世宗實録》，卷三六八，頁六五八四。

[四]《明世宗實録》，卷三七〇，頁六六一五及六六一八。

[五]李默：《吏部職掌》（《四庫全書存目叢書》本），《文選清吏司·陞調科》，〈降調官員〉，頁一一。

[六]《（國朝）獻徵録》，卷四六，頁一九四四—一九四六；《期齋集》，卷一二，頁五八二。管見（一四九一—一五六二或一五六三），字道夫，餘姚人，嘉靖五年進士，曾任常州府推官，見理速而持事堅，權勢不可動搖。歷轉兵科左給事中、户科都給事中，擢廣東右參政。既謝事歸，足跡不入公府，日以睦族善鄰、明農教子爲事。時或偕知舊觴咏琴奕，倘徉山水以自適，臺使屢薦不應，生平參《本朝分省人物考》，卷五一，頁六〇二及《（國朝）獻徵録》，卷九九，《廣東》一，呂本所撰《廣東布政使司右參政管公見墓志銘》，頁四三八五。陳塏，字山甫，餘姚人，嘉靖十一年進士，由行人選南科給事中，首劾武定侯郭勛怙寵奸横，後提學廣

楊大章（一四九一—一五六八）亦餘姚人，楊、龔諸人的聚會當即《墓志銘》所言「可常會」的活動。呂本之論楊氏，施於龔輝亦爲得宜。又據《本朝分省人物考》，《龔輝》：

家食十五年，鶉衣淡食，未嘗治垣屋，而虔享祀、恤嫠孤，著《宗約》，鄉閭化之。其大者，念邑苦賦役，白所司，丈田平傜，觀風者推其法於全浙，出處大有裨益，可覘其概矣。[一]

「丈田平傜」等句似以一條鞭法導源於此，惟此事不見於《墓志銘》及他史料，確否存疑。龔輝卒於嘉靖四十五年，同年九月戊戌《實録》載：

致仕南京工部侍郎龔輝率【卒】。輝淛【浙】江餘姚人，嘉靖癸未進士，由工部郎中出爲福建副使，累官右副都御史提督南贛，尋改總督漕運，歷大理寺卿、工部侍郎，復改前職，引年致仕，歸卒於家。[二]

隆慶改元，明穆宗（朱載垕，一五三七—一五七二，一五六六—一五七二在位）於元年二月甲辰下詔：「贈故南京工部左侍郎龔輝爲都察院右都御史，賜祭葬如例。」[三]其《祭文》表揚龔輝「性資純厚、才識通明」，「起官郎署，督木萬里，嘗繪圖以獻民艱；董學三秦，能敷教以新士類。歷藩臬，晉副都臺，開府贛南，巨寇奏蕩平之績。總漕淮，右國儲藩，幹濟之功猷爲不替。」[四]

東。林居隱約如寒素，日耽耽嗜古，爲文率醇雅，不爲鉤棘語，參《本朝分省人物考》，卷五一，頁五九七。鄭寅，餘姚人，嘉靖四年舉人，十四年成進士，二十二年任廣東鹽課提舉司，參《（雍正）浙江通志》，卷一三二，《選舉》十，《明·進士》，《嘉靖十四年乙未科韓應龍榜》，頁二三三一及卷一三七，《嘉靖四年乙酉科》，頁二四三〇、《（雍正）廣東通志》，卷二七，《職官志》二，《鹽課提舉司》，頁五七下。

[一]《本朝分省人物考》，卷五一，頁五九六—五九七。

[二]《明世宗實録》，卷五六二，頁九〇〇六—九〇〇七。

[三] 張居正等纂：《明穆宗實録》（南港市：「中央研究院」歷史語言研究所，一九六二—一九六六年，據國立北平圖書館紅格鈔本微捲影印），卷五，頁一二五。

[四]《餘姚四明石潭龔氏宗譜》，卷首上，《勑》，頁八下—九上，引自《餘姚鹿亭鄉石潭村發現〈餘姚四明石潭龔氏宗譜〉》網頁所示圖像。

龔輝卒後入餘姚鄉祀、紹興府祀。《（萬曆）紹興府志》載：

鄉賢祀九，亦在府縣學，有司春秋祭。府祀八十工【二】人……（原注：皇明工部右侍郎龔公輝）……餘姚祀六十二人……（原注：皇明工部侍郎龔公輝）。[一]

龔輝流傳下來的著作不多，主要有《西槎彙草》及《全陝政要（録）》兩種，均爲嘉靖本，詳下節。[二]《天一閣書目》載：

《少保李康惠公奏草》十三卷（原注：刊本）　明李某撰，嘉靖二十三年甲辰古黄劉采跋後曰：「侍御少岳陳公持斧粵西，公餘出《少保李康惠翁奏草》示藩臬諸僚。蓋公在内臺日，與司諫潙陽周氏（采）、介石尹氏（相？）正色立朝、論世尚友，因及明之先民，所共摭拾編行者也。」嘉靖甲辰督學餘姚龔輝序首。[三]

甲辰即嘉靖二十三年（一五四四），龔輝時任廣西按察使。李康惠即李承勛（一四七三—一五三一），湖廣嘉魚縣人，弘治六年（一四九三）進士，曾任吏、刑、兵三部尚書；龔輝舉鄉試之時，李氏出任浙江按察使。[四]「少岳陳公」即陳宗夔，字惟一，號少岳，湖廣通山人，嘉靖十七年（一五三八）進士。[五]在廣東任職期間，龔輝曾往德慶州三洲仙岩遊覽，於石上題「瑤華洞天」四字，並加識語：

[一] 蕭良幹、張元忭等纂修：《（萬曆）紹興府志》（《四庫全書存目叢書》本），卷一九，《祠祀志·鄉賢祀》一，頁六八八—六八九。

[二] 龔輝《全陝政要》，見收於《四庫全書存目叢書》史部第一八八册，又見收於北京圖書館古籍出版編輯組編：《北京圖書館古籍珍本叢刊》（北京：書目文獻出版社，一九八七）第二二册。

[三] 范邦甸録：《天一閣書目》，載林夕主編，煮雨山房輯：《中國著名藏書家書目彙刊——明清卷》（北京：商務印書館，二〇〇五年）第二册，卷二之一，《史部》，頁三九八—三九九。

[四] 《正德十一年浙江鄉試録一卷》，頁二六四三。

[五] 丁宿章輯：《湖北詩徵傳略》（《續修四庫全書》本），卷五，《通山》，頁一八〇；《（雍正）廣西通志》，卷五三，《巡按》，頁九下。

明嘉靖丁未（二十六年），績溪胡公松偕余訪三州洞。則見其丹碧輝映，若設色然；幻形怪跡，縱盼不暇，疑若非人世所宜有者。惜乎坐不當國之沖，瑨沒無聞，乃爲「瑤華洞天」，命州守方子用□□石。嗚呼！顯晦潛見，物誠有幸有不幸，其於士□亦然。余□有感於兹洞且類士也，庸漫及之。餘姚笑齋龔輝識。[一]

據《明史》，胡松字茂卿，南直隸徽州府績溪人，正德九年（一五一四）進士，嘉靖時爲御史。桂萼（？—一五三一）薦王瓊（一四五九—一五三二），胡松論劾之，忤旨，謫廉州推官，後累官工部尚書。[二]《明世宗實録》載嘉靖二十二年七月升廣東右布政使胡松爲左布政使，二十六年五月再升胡氏爲都察院右副都御史總理河道，[三]則龔、胡之遊三州洞當在同年上半年。龔輝題字以物喻人，深有個人不遇之感慨。

嘉靖四十一年（一五六二），龔輝爲同鄉孫堪（一四八二—一五五三）遺作《孫孝子文集》作序文。據《本朝分省人物考》，孫氏字志健，餘姚人，以蔭授錦衣千户，中武舉第一，歷都督僉事，工古文詞，邊防兵制、天文地理、律曆醫卜靡不通曉，又善繪事。[四]龔《序》自署：「嘉靖癸亥仲秋之吉賜進士通議大夫工部左侍郎食二品俸致仕前奉勅總督漕運兼理河道鹽法右副都御史八十二歲翁友人龔輝撰」，而是集於同年刊刻。[五]

以上概述龔輝的生平大要。他的後半生對嘉靖前、中期政局有多方面的貢獻和影響，這還有待作更深入和全面的考察。後人對他的記載和評價，主要在他勸止嘉靖帝採辦木材一節，因而對《西槎彙草》的研究具有特殊意義。以下先從書誌學角度説明美國國會圖書館藏《西槎彙草》之内容與價值。

[一] 楊文駿主修，朱一新纂修：《（光緒）德慶州志》（番禺：傳維森刊本，二〇〇二年），頁七三〇。
[二] 張廷玉等：《明史》（北京：中華書局，一九七四年），卷二〇二，《列傳》九〇，《胡松》，頁五三四七—五三四八。
[三] 《明世宗實録》，卷二七六，嘉靖二十二年七月辛亥條，頁五四〇六；卷三二三，嘉靖二十六年五月丁卯條，頁五九九四。
[四] 《本朝分省人物考》，卷五一，《孫堪》，頁六二七。
[五] 孫堪：《孫孝子文集》（嘉靖壬戌〔四十一〕年刻本，美國國會圖書館攝製北平圖書館善本書膠片），《孫孝子文集序》，頁四上—下。按《明史》卷七二，《志》四八，《職官》一載：「文（官）之散階四十有二，以歷考爲差……（原注：正三品，初授嘉議大夫，陞授通議大夫，加授正議大夫。」（頁一七三六）

二、美國國會圖書館藏《西槎彙草》之内容與價值

美國國會圖書館藏《西槎彙草》原爲清朝編修《四庫全書》時的浙江採進本，其時《浙江省第五次范懋柱家呈送書目》載有：「《西槎彙草》一卷　明龔輝著　一本」，而《浙江採集遺書總録簡目》則載有：「《西槎彙草》二卷（原注：刊本）　明工部營繕司郎中餘姚龔輝撰」，把本書歸於《丁集》，《史部·掌故類》八之《營造》。[一]《四庫全書總目（提要）》著録本書爲：

《西槎彙草》一卷（原注：浙江范懋柱家天一閣藏本）　明龔輝撰。輝有《全陜政要略》，已著録。嘉靖時營仁壽宫，輝以營繕司主事奉使督木四川，得大木五千餘株，版枋如之。部劄欲再倍其數，公私俱困，民情洶洶。輝乃繪《山川險惡》、《轉運艱苦》等狀爲十五圖，前後各作圖説具奏，竟得旨停止。後列劄子三篇，又附載詩文數首。其曰《西槎彙草》者，輝嘗使浙東，故此名「西槎」以別之也。其圖説、劄子皆剴切酸楚，使人感動，與張問之《造甎圖説》相等，自當以《採木圖説》爲名，不當更贅附詩文，名以「匯草」。其編次殊無體例，且詩文寥寥數首，又皆不工，益爲無謂矣。今仍著録「政書」中，從所重也。[二]

本書明確分爲兩卷，不知《呈送書目》及《總目》撰人何以稱爲一卷。《總目》雖然讚揚本書繪圖、圖説與劄子感動人心，但是以所載詩文不多、不工而不予好評，且認爲書名不當，這卻有討論餘地。從全書的構成而言，圖説及

[一] 吴慰祖校訂：《四庫採進書目》（北京：商務印書館，一九六〇年），頁一一四及二五二。《四庫全書》不設「掌故類」。

[二] 永瑢等撰：《四庫全書總目》（北京：中華書局，一九八一年），卷八四，《史部》四〇，《政書類存目》二，頁七二七。同書同卷載：「《造甎圖説》一卷（原注：浙江巡撫採進本）　明張問之撰。問之慶雲人，嘉靖癸未進士，官至工部郎中。自明永樂中始造甎於蘇州，責其役於長洲窯户六十三家……嘉靖中營建宫殿，問之往督其役，凡需甎五萬，而造至三年有餘乃成。窯户有不勝其累而自殺者，乃以採鍊燒造之艱，每事繪圖貼説，進之於朝，冀以感悟，亦鄭俠繪流民意也。其書成於嘉靖甲午（十三年），而明之弊政已至於此。」（頁七二七）

劄子是龔輝第一身的說明，而詩文和兩篇跋文則透過對話、第三者的獨白和評論、借寫景物抒情等方法，進一步展現龔輝的所感所思，從更多方面反映四川百姓以至地方官員對採木、對朝政的態度，且有助於瞭解圖說及劄子的撰寫始末，因而不應刪去。本書書名由龔輝自定，就包含有彙集其所作之意，正如郯鼎的跋文所言，全書各篇連爲一體，可相互發明。

《西槎彙草》與龔輝的另一重要著作《全陝政要（略）》今天都保存了下來。《總目》明言當時所採進的兩書都是天一閣藏本。查《四明天一閣藏書目録》載有：「《全陝政要》（原注：二本）」及「《西槎彙草》一本」。[一]晚明以來有關兩書的載録時有所不同，於本書的記載分歧較大。晁瑮（一五一一—一五六〇或一五七五）《晁氏寶文堂書目》著録有《西槎彙草》，嵇璜（一七一一—一七九四）《續通志》所記書名相同，注爲：「一卷，明龔輝撰」，又記：「《全陝政要略》四卷（原注：明龔輝撰）」。曹仁虎（一七三一—一七八七）、嵇璜《（欽定）續文獻通考》載有：「龔輝《西槎彙草》一卷」及「龔輝《全陝政要略》四卷。」[二]部分著作引録本書時改題《西槎疏草》，如朱睦㮮（一五一八或一五二〇—一五八七）《萬卷堂書目》於兩書分別記載爲：「《西槎疏草》二卷（原注：龔輝）」及「《全陝要政》四卷，龔輝」。黄虞稷（一六二九—一六九一）《千頃堂書目》載：「龔輝《全陝政要》四卷（原注：一作二卷）」及「龔輝《西槎疏草》二卷」、萬斯同（一六三八—一七〇二）《明史》載：「龔輝《西槎疏草》二卷」、嵇曾筠《（雍正）浙江通志》載：「《西槎疏草》二卷（原注：黄氏《書目》：龔輝著，字實卿，餘姚人。）」[三]也有把本書題作《西槎彙粹草》，如清人范邦甸所録《天一閣書目》載：「《西槎彙粹草》二

[一] 范欽藏，羅振玉刻本：《四明天一閣藏書目録》，載《中國著名藏書家書目彙刊——明清卷》第二册，頁一〇五及一〇八。

[二] 晁瑮：《晁氏寶文堂書目》（《續修四庫全書》本），卷上，《文集》，頁三二；嵇璜：《續通志》（《四庫全書》本），卷一五八，《藝文略·軍政》，頁一九下及卷一五九，《藝文略·地理》，頁一九上；曹仁虎、嵇璜：《（欽定）續文獻通考》（《四庫全書》本），卷一六八，《經籍考》，頁一三上及卷一七〇，頁一一上。

[三] 朱睦㮮：《萬卷堂書目》（《續修四庫全書》本），卷二，《奏議》，頁四六二、《雜志》，頁四六六；黄虞稷撰，瞿鳳

卷」，阮元（一七六四—一八四九）《文選樓藏書記》載：「《西樵稾粹草》二卷，明郎中龔煇【輝】著。鄞縣人，刊本。」[一]

美國國會圖書館藏本《西樵稾草》現皮藏於亞洲部（Asian Division）善本書庫，它何時入藏過往不爲人注意。亞洲部存有爲一九五八年前進館圖書編寫的目錄卡，於本書著録爲：

V/G364 K97/B222'3　西樵稾草　二卷　一册一函　明嘉靖間刻本　龔煇（明）撰　九行二十字（18.4×14.3）

亞洲部所藏善本書均有V字（Vault）記號，G代表該館於一九四五年編訂的《國會圖書館中文圖書分類表》中的「應用科學部」，而「364」指該部「農業」類中的「森林利用」項。[二]亞洲部前身爲東方部（Orientalia Division），從一九一〇年代到一九三〇年代不定期爲所購置漢籍編訂目錄與增訂目錄。查一九一三年編訂的《漢籍書目字畫索引》（*Catalogue of Chinese Books in the Library of Congress, Washington, D.C.*）、截至一九一六年十二月的中文藏書目錄（*Catalogue of the Chinese Collection, Library of Congress, December, 1916*）、截至一九一七年十一月所藏單種著作的《國會圖書館漢籍目錄・第二部・字畫引目》（*Chinese Collection, Library of Congress: Part II – Stroke Index of Independent Works. Embracing all Chinese Works in the Library of Congress up to November, 1917*），都没有找到關於本書的資料。爲一九一八年

起，潘景鄭整理：《千頃堂書目》（上海：上海古籍出版社，一九九〇年），卷一〇，《政刑類》，頁二六五；卷三〇，《表奏類》，頁七四一；萬斯同：《明史》（《續修四庫全書》本），卷一三六，《志》一一〇，《表奏類》，頁四六〇；《（雍正）浙江通志》，卷二五二，《經籍》一二，《集部五・表奏》，頁四二八七。

[一]《天一閣書目》，卷一之一，《進呈書》，頁二二一；阮元撰，王愛亭、趙嫄點校，杜澤遜審定：《文選樓藏書記》（上海：上海古籍出版社，二〇〇九年），卷四，頁三三七。

[二] Orientalia Division, The Library of Congress, *Classification Scheme for Chinese Books* (Washington DC: 1945), pp.IV, 100. 有關二十世紀前中期美國國會圖書館古代漢籍分類法之演變，參拙著："An Attempt to Adapt Traditional Chinese Scholarship to Modern American Practice: The US Library of Congress's Classification Scheme for Old-Style Chinese Books, 1910s-1940s", *Mid Atlantic Region Association for Asian Studies 42nd Annual Meeting,* November 2-3, 2013大會宣讀論文。

十二月至一九二〇年八月間所購漢籍而編訂的增補目録，有以下記載：「《西槎彙草》，郯鼎（原注：明），明刊，嘉靖十二年，一本。」而列本書於「B222」，屬「遊記」（Voyages and travels）類而非《提要》所列「政書」類。[一]這項資料不足之處有二：一，歸類不恰當，未能準確掌握本書内容特色；二，郯鼎只爲本書作跋文而非著者。美國國會圖書館的年度報告書，爲每年截至六月三十日爲止上一財政年度的館務與館藏情況作綜合介紹，稱爲*Report for the Librarian of Congress and Report of the Superintendent of the Library Building and Grounds for the Fiscal Year Ending June 30*（以下《年報》），而書中總會在已購或新購東方圖書中選出重要類别或價值較高的單種著作作介紹。大約從一九一五年起，美國國會圖書館多次委託美國政府農業部植物學家施永格（Walter T. Swingle，一八七一—一九五二）在中國和日本爲該館採購圖書，而這段時間該館《館長年報》東方部的報告多由施氏執筆。不管是施永格還是後來該館首任亞洲部主任恒慕義（Arthur W. Hummel，一八八四—一九七五），都會在已購或新購東方圖書中選出重要類别或價值較高的單種著作作介紹。可是，細閲一九一九至一九四五年間的《年報》，卻於《西槎彙草》隻字未提。直到王重民（一九〇三—一九七五）編著《國會圖書館藏中國善本書録》，才首次對本書有較全面的介紹：

《西槎彙草》二卷（原注：一册　一函）　明嘉靖間刻本（原注：九行二十字）

明龔輝撰。是書首葉鈐：「翰林院印」滿漢文大方印，四庫館底本也。按《（四庫全書）總目》知爲天一閣舊藏，蓋原書未發回，後爲人從翰林院中竊出，右下角收藏印記已剜去，[三]殆出賣時不欲留惡名於人間世耳。

[一] *Title Index II: First Supplement to Stroke Index to Titles of Chinese Books in The Library of Congress, Including Works added from December, 1918 to March, 1920, Photographed from the Catalogue Cards in the Office of the Chairman of the Library Committee, United States Department of Agriculture* (Washington D. C.: 1920), p. 16.（原書無頁碼）當時的分類法，參看Catalog Division, Library of Congress, *Classification of the Chinese Collection: Based on the Chinese Imperial Catalogue* (Washington: 1918), p.19.

[二] 趙萬里指出因修《四庫全書》奉命進呈而散落的書籍有其共通點：「這一類的書，有一個客觀的標識。封皮下方正中，有一長方形朱記，文曰：『乾隆三十八年十一月浙江巡撫三寶，送到范懋柱家藏某某書壹部，計書幾本。』開卷又有翰林院大方印，封皮上的朱記有時爲妄人割去，至大方印，則時時遇到。《四庫全書》完成後，庫本所據之底本，並未發還范氏，仍舊藏在翰林院裏。日久爲

輝奉使督木四川事，《提要》已言之，蓋據呂本所撰《龔輝墓誌銘》爲説。（呂）本稱：「《西槎彙草》二卷，其疏若圖，采入《經濟録》」，此本爲原刻藍印，殊爲悦目。館臣頗斥其詩，然謂：「仍著録政書中，從所重也。」是已能認識是書價值。於採辦林木方法，圖繪極爲明晰，所用各種工具，有助於研究我國古代工藝者不少，此爲尤足珍者。末有曾璵《説木》一篇，蓋爲本書所作跋。

曾璵説木（原注：嘉靖十二年，一五三三）郊鼎書後（原注：嘉靖十二年，一五三三）[一]

王重民不僅説明本書是罕見文獻，按其内容應該歸於「政書類」，還特别指出它在研究古代工藝史上的意義，這與二十世紀以來我國學界注意採集古代「營造文獻」的趨向一致。[二] 又本書封頁内頁附有不知名者所撰英文提要：

LUMBER INDUSTRY IN SZECHUAN IN THE 16TH CENTURY

THE Hsi-cha hui-tsao was written by Kung Hui, a member of the Imperial Board of Works, and printed in 1533. This work illustrates the methods of securing large timbers from the mountains of western China to be used in the construction of the

翰林學士拿回家去的，爲數不少。前有法梧門，後有錢犀盦，都是[illegible]的健者。輾轉流入廠肆，爲公私藏家收得，我見過的此類天一閣書，約有五十餘種。」參氏著：《重整范氏天一閣藏書記略》，《[illegible]北平圖書館館刊》，八卷一號（一九三四年），頁一〇八。「法梧門」即法式善（一七五三—一八一三），「錢犀盦」即錢桂森（[illegible]二七—一八九九或一九〇二），除此二人外，劉乾指出「不告而取」者至少還包括道光年間的路慎莊（一七九一—[illegible]六一）、袁芳[illegible]、周星譽（一八二六—一八八四），光緒（一八七五—一九〇八）時的盛昱（一八五〇—一九〇〇）、繆荃孫（一八四四—[illegible]九一[illegible]）等，參氏著：《「四庫底本」漫談》，《文史知識》，一九九〇年七期，頁九〇—九三。

[一] Compiled by Wang Chung-min; edited by T. L. Yuan, *A Descriptive Catalog*[illegible]*Chinese Books in the Library of Congress* 國會圖書館藏中國善本書録 (Washington, D.C.: Library of Congress, 1957), pp. 429-430. 王重民：《中國善[illegible]要》（上海：上海古籍出版社，一九八三年），頁一八一亦有介紹本書，文字幾乎全同，惟開首補上：「明嘉靖間刻本［九行[illegible]（18.4 x 14.5）］」。

[二]《中國營造學社彙刊》，第一卷第一期（一九三[illegible]），《徵求營造佚存圖籍啓事》，頁二—三即開列本書爲所徵求文獻之一。該學社的創辦宗旨與時代趨向之大概，參劉江峰、[illegible]陳健：《中國營造學社初期建築歷史文獻研究鉤沉》，《建築創作》，二〇〇六年一二期，頁一五三—一五八。

imperial palaces in Peking. The volume contains information on the felling of trees and the hauling of lumber. Shown here is an illustration depicting the moving of lumber across a stream on a trestle with the aid of a capstan.

按文意，當屬該館展覽善本時的解說文字。撰者亦注意到本書在中國工藝營造史上的價值，卻沒有說明龔輝彙輯本書的主旨。今天，美國國會圖書館的網上檢索系統已有著録本書，題爲：「龔輝　西槎彙草：二卷〔明嘉靖間刻本〕」，並附英語註解：

Purportedly taken from the collections of Tian Yi Pavilion by a person from the Han lin yuan. The collection seal on the right side of the bottom of the cover has been removed. The book was used to compile the collection Si ku quan shu. It includes text and paintings about lumbering methods, tools, equipment, and craftsmen.

在節引王重民的解題時，仍然突顯本書在採木工藝和技術研究上的重要性。

就筆者所知，美國國會圖書館藏本是《西槎彙草》的現存孤本。長期以來，中外學界只能透過《總目》、王重民的提要以及明清兩代某些著作的節録文字一窺本書面貌，[一] 以致有的研究者不知龔輝爲本書著者，有的則誤以爲他是萬曆間人。[二] 尤其本書個別圖像與解說文字各有重點（圖一四最爲明顯），必須細閱原圖始能領會畫匠之深意。其

[一] 萬表：《皇明經濟文録》（《四庫禁燬書叢刊》本），卷一六，《工部》頁三九—四〇載《採運畧說》；黄訓編：《名臣經濟録》（《四庫全書》本），卷四八，《工部·營繕》，頁一二上—一六下載《採運圖前説》及《採運圖後説》；陳子龍等選輯：《（皇）明經世文編》（北京：中華書局，一九六二年），卷二一一，《說》，頁二二〇九—二二一一載《採運畧說》；張萱：《西園聞見録》（《續修四庫全書》本），卷九二，《工部》六，《開採》，頁一九五—一九六載《採運圖說》。孫承澤著，王劍英點校：《春明夢餘録》（北京：北京古籍出版社，一九九二年），卷四六，《皇木》，頁一〇〇一—一〇〇二亦載有《採運圖說》，但不注明撰人姓名，於開首只標注「按運圖說」。

[二] 黄仁宇（一九一八—二〇〇〇）撰寫《十六世紀明代中國之財政與稅收》第七章《宮殿營建》一節，參考《春明夢餘録》内容，只注明《採運圖前説》是「一份十六世紀的記録」，參氏著，阿風、許文繼、倪玉平、徐衛東譯：《十六世紀明代中國之財政與稅收》（北京：九州出版社，二〇〇七年），頁三七二及四〇一。另李志堅：《明代皇木采辦研究》（華中師範大學碩士論文，二〇〇四年）提及龔輝時，誤以他爲萬曆間人，參頁二一；此誤於氏著：《明代皇木（楠木）采辦的形式》，《收藏》，二〇一三年九期，頁

次，卷二所附詩文有的論點鮮明，直言採木之命較「芒警」、「真寇」之爲患「殆有甚者」；未讀此卷，實不能掌握龔輝編寫此書的要旨。作爲漢籍善本回歸祖國的標誌，本書的重要價值毋容置疑。上世紀末，《四庫全書存目叢書》編纂工作展開，總編纂季羡林先生就在「編纂方針與原則」中提到本書：

（《四庫全書存目叢書》）所收書八成爲宋、元、明、清各級善本，三成爲孤本，諸如……美國國會圖書館藏明嘉靖刻藍印本明龔輝撰《西槎彙草》一卷……均係人間孤本，彌足珍貴，極富收藏及研究價值。[一]

可惜最後未能加以收録。二〇〇五年，美國國會圖書館與臺灣「國家」圖書館合作，展開中文善本數位化項目，《西槎彙草》列於掃描書單，兩館發布的相關資訊引起各地學者的注意。二〇〇八年，聯合國教科文組織（UNESCO）與美國國會圖書館轄下WDL（World Digital Library）共同成立國際教育合作計劃平台，設有中文善本之部，本書的高解析度數位化影像逐漸展現人前。「世界數字圖書館」網站於本書的中文解題爲：

這是一部二卷一册的明嘉靖刻本，原刻藍印，爲孤本。作者龔輝，一五二三年考中進士，歷官多職。他任工部侍郎時管理淮河水利，並在江西南部授右副都御史，曾平壓當地實力強大的匪幫。後來奉命赴四川采運木材爲嘉靖修建仁壽宫所用。本書包括詩文，幾篇文章以及一奏議，描寫山川險惡、跋涉艱危，伐木運輸艱險等情狀，並有附十五幅圖描繪採辦木料的工具和技術，爲研究中國伐木方法及工具提供重要材料。由於他的呈書嘉靖終於下旨停止采木。此書還包括曾璵（一四八〇—一五五八）所寫的《説木》一篇，同事郊鼎寫後語。卷首有《翰林院印》滿漢文大方印，說明這原是四庫館底本。原爲天一閣舊藏，但原書未發回，收藏印記已剜去，後被人從翰

[一] 參季羡林、任繼愈、劉俊文：《〈四庫全書存目叢書〉編纂緣起》，《文史哲》，一九九七年四期，頁九。

一七仍存在。張雙志：《故宫史研究的一篇重要史料》（《中國文物報》，二〇〇八年四月二十五日第七版）從《明經世文編》引録《采運圖說》，逕以之爲書名（此文之出版資訊，得自翟志強：《明代能臣龔輝生平事跡考》，《湖州師範學院學報》，三六卷三期［二〇一四年三月］，頁六八—七二）。

林院竊出販賣。[一]

較多注意到龔輝的生平功業，但於史事先後、本書内容的説明有欠準確。臺灣「國家」圖書館保存有本書的數位化影像光盤，該館的「古籍與特藏文獻資源」介紹本書，主要仍是引録王重民的解題文字。[二]

二〇〇九年間，劉奮明在增訂由傅吾康（Wolfgang Franke，一九一二—二〇〇七）原編的《增訂明代史籍彙考》時，曾閲讀本書的數位化影像光盤，認爲是「印象最深」的珍本之一。[三]劉氏在《增訂明代史籍彙考續編》中，從新的角度出發，評價《西槎彙草》是所知的首部「圖説奏議」（Visual Memorial）：

《西槎彙草》二卷，二册，共四十一頁，作者龔輝，號笑齋，浙江餘姚人。嘉靖二年進士，授工部主事，官至工部左侍郎。嘉靖四年三月仁壽宮災，工部命採大木修仁壽宮，龔輝以工部主事於四川，得大木五千餘株。工部劉欲再倍其數，民情洶洶，龔輝乃繪山川險惡、轉運艱苦等圖以進，竟得停止，事詳所著《西槎彙草》中。龔輝又著有《全陝政要》四卷。《西槎彙草》卷之一，二十六頁，前有《採運圖前説》，詳細敘述四川山川險阨獨冠天下，謂嘗聞蚺蛇吞象，三年而出其骨，禽獸偪人、蛇虎縱横。道里之遠，程以千計；夫役之衆，日以百計；供頓之繁，歲以萬計。採運困頓，斷岸千尺，下臨無際深溝。人日食米一升，一夫負米五斗，往返之期，旬有七日，自給之外，僅足以給二人。《敘言》之後是作者就所目睹而繪成的十五幅《採運圖》，圖名爲：《山川險惡》《跋涉艱危》《蛇虎縱横》《採運困頓》《飛橋度險》《懸木弔崖》《飢餓流離》《焚劫暴戾》《疲癘時行》《天車越澗》《巨浸飄流》《追呼逺治》《鬻責賞（筆者按：當作「償」）官》《驗收找運》及《轉輸疲弊》，均描繪深刻。作者以十五幅圖讓嘉靖帝和京中工部尚書等能體會伐木夫的困境。在十五幅《採運圖》後有《採運圖後説》，再述説四川採木情況，自言以戰慄待罪之心上呈皇上。《西槎彙草》卷之二，十五頁，内有劉

[一] http://www.wdl.org/zh/item/4696/
[二] http://rbook2.ncl.edu.tw/Search/SearchList?whereString=ICYgIuilv-anjuW9meiNiSIg0
[三]《了傅吾康遺願　明史增訂完成》，「中央」通訊社二〇一一年五月二十五日報道，http://www.cna.com.tw/News/aOPL/201105250069-1.aspx

子三篇：[一]《議處接濟解運劄子》《懇乞停免劄子》及《星變陳言劄子》；又録贈友人的詩序和作者的詩作，或借事以諷，或感物而鳴。末附《原木》一篇，爲嘉靖十二年曾璵頊所著；又有《西槎彙草後》，爲同一年東吴郏鼎跋文。書名《西槎彙草》，大概指彙集在西陲伐木的資料。此書不是關於十六世紀四川伐木的技術，卷一是罕見的圖説奏議，其序與跋説明十六世紀四川深山伐木的危險與困難之處。[二]

近十餘年間，我國學術界重新對明清時期皇木採辦的歷史進行多方面考察，有從現代物流業視角出發，有從自然生態的破壞與保護着眼，有從伐木運木的工藝發展考慮，有利用《西槎彙草》原書探究明代社會經濟史，亦開始有學者直接以龔輝生平及此孤本爲研究課題。[三] 本書正式出版，肯定能爲不同學術範疇的研究提供重要史料，也能讓中外

[一] 劄子爲古代公文中的上呈文書，向皇帝或長官進言議事；也可作爲下行文書，以發指示或委職派差。

[二] Wolfgang Franke, revised and enlarged by Liew-Herres Foon Min, *Annotated Sources of Ming History: Including Southern Ming and Works on Neighbouring Lands, 1368-1661* (Kuala Lumpur: University of Malaya Press, 2011), pp. 669-670. 有關龔輝與《西槎彙草》的介紹，又參pp. 29-30, 35-36. 引文文末「Zeng Yuxu 曾璵頊」之「頊」爲原文「曾璵頓首」「頓」之誤。

[三] 踏入二十一世紀，相關之研究有姜舜源：《明清朝廷四川采木研究》，《故宫博物院院刊》，二〇〇一年四期，頁二六—三二。尤其韓國學者金弘吉《明末四川皇木採辦的變化》（文載《中國社會經濟史研究》，二〇〇一年四期，頁八七—九二）發表後，我國學者的研究包括雲妍：《紫禁城營建采木述略》，《東岳論叢》，二七卷六期（二〇〇六年十一月），頁一六七—一七二；藍勇：《明清皇木采辦遺跡考》，《中國歷史文物》，二〇〇五年四期，頁八〇—八四；李志堅：《論明代商人對皇木的采辦》，《信陽師範學院學報》（哲學社會科學版），二六卷三期（二〇〇六年六月），頁一一八—一二一及《明代皇木采辦的形式》，《安慶師範學院學報》（社會科學版），二五卷六期（二〇〇六年十一月），頁四四—四七；馮祖祥、張萊特、姜元珍：《明代采木之役及其弊端》，《北京林業大學學報》（社會科學版），七卷二期（二〇〇八年六月），頁四八—五一；李良品、彭福榮：《明清時期四川官辦皇木研究》，《中國社會經濟史研究》，二〇〇九年一期，頁五八—六五；周崎文：《明代采木遺跡考略》，《紫禁城》，二〇一〇年一期，頁七四—七七；周默：《歷史上採伐楠木的史料記載》及《明清的楠木採伐及運輸》，均載《紫禁城》，二〇一〇年一期，分見頁五八—六九及七〇—七三；劉旭、陳喜波：《物流視角下的明北京營建木材采辦研究——以川木采辦爲例》，《地理研究》，二九卷八期（二〇一〇年八月），頁一四〇七—一四一五；藍勇：《四川漢源縣水井灣皇木采辦遺跡考》，《四川文物》，二〇一一年二期，頁六八—七五；袁嬋、李莉、李飛：《生態文明視野中的明清采木》，《北京林業大學學報》（社會科學版），一〇卷一期（二〇一一年三月），頁三九—四三。當然，對明清時代皇木採辦之研究並不始於本世紀，較早期的研究有張浩良、何旭淵、馮光國：《明代通江

學者從更多方面發掘它的價值。

後記：

《西槎彙草》一書，電子本收入世界數字圖書館網站（http://www.wdl.org/zh/item/4696/），縮印紙本收入《域外漢籍珍本文庫》編纂出版委員會編：《域外漢籍珍本文庫》（重慶市：西南師範大學出版社；北京市：人民出版社，二〇一三年）第四輯「史部」第二二冊。縮印本以黑白兩色複印，原書印章、圖像及不少文字未能清晰顯示。其次，十五幅採運圖除首幅以外，標題所在的起始頁均置於原書右頁，用便讀者觀賞。縮印本爲遷就版面，將各圖割裂爲上下兩半，殊爲可惜。

進京楠木採伐跡地小考》，《文史雜志》，一九八八年三期，頁四〇。藍勇的研究成果更爲矚目，包括：《中國古代棧道的類型及其興廢》，《自然科學史研究》，一九九二年一期，頁六八—七五；《西南古代索橋研究》，《四川文物》，一九九三年六期，頁一七—二二；《明清時期的皇木采辦》，《歷史研究》，一九九四年六期，頁八六—九八及《歷史時期中國楠木地理分佈變遷研究》，《中國歷史地理論叢》，一九九五年四期，頁一九—三二；蔡嘉麟：《明代的山林生態——北邊防區護林與伐木失衡的歷史考察》（中國文化大學博士論文，二〇〇六年）。直接以龔輝生平、《西槎彙草》爲論文題目的，有王毓藺：《明代北京營建皇木採辦的珍貴史料——記美國國會圖書館藏孤本嘉靖刻本〈西槎匯草〉》，《文獻》，二〇一四年一期（二〇一四年一月），頁一四四—一五四及前引翟志強：《明代能臣龔輝生平事跡考》。筆者在完成本書初稿後，始獲拜讀二文，其所論述，不少與本書相近，然亦有相異、詳略不一之處，讀者可自行參閱。又，筆者亦嘗以此爲題撰寫短文，題《龔輝與〈西槎彙草〉》，收入李焯然等主編：《趙令揚教授上庠講學五十周年紀念論文集》（香港：中華書局，二〇一五年），頁二一五—二三九。

《西槎彙草》卷之一

採運圖前説[一]

欽差工部營繕清吏司署郎中臣龔輝謹按：[二]全蜀，古梁（州）、益（州）之地，險阨四塞，獨冠天下。唐李（白）、杜（甫）二子，形諸詠歌，至稱天以擬之，[三]固以見非人世所宜有也。乃若採取所由，特異内壤；人跡不到，魑魅魍魎之區，其山則有若青岡黑蕩、[四]石嘴磨角、[五]偏腳砍頂、[六]薄刀棺木、殺人剮腦、猿猴菩薩、峻虎

[一]《（皇）明經世文編》，卷二一一收有此文，陳氏評此疏云：「公奉命採木營仁壽宮，故作此説。」（頁二二〇九）

[二]《明史》，卷七二，《志》四八，《職官》一，《工部》載：「左、右侍郎各一人（原注：正三品）……營繕、虞衡、都水、屯田四清吏司，各郎中一人（原注：正五品，後增設都水司郎中四人。）……營繕典經營興作之事。凡宫殿、陵寢、城郭、壇場、祠廟、倉庫、廨宇、營房、王府邸第之役，鳩工會材，以時程督之。凡鹵簿、儀仗、樂器，移内府及所司，各以其職治之，而以時省其堅潔，而董其窳濫……」（頁一七五九—一七六〇）

[三]李白撰，王琦注：《李太白全集》（北京：中華書局，一九七七年），卷三，《蜀道難》中有句云：「蜀道之難難於上青天」（頁一六二）。杜甫著，仇兆鰲注：《杜詩詳注》（北京：中華書局，一九七九年），卷一二，《西山三首》之一有句云：「築城依（原注：一作連）白帝，轉粟上青天。」（頁一〇四五）又卷一六，《諸將五首》之五亦有句云：「西蜀地形天下險，安危須仗出群材。」（頁一三七〇）

[四]穆彰阿等修：《（嘉慶）大清一統志》（《續修四庫全書》本），卷三五八，《岳州府·山川》：「青岡山（原注：在巴陵縣東四十五里。）」（頁四九九）又黄廷桂等監修，張晉生等編纂：《（雍正）四川通志》（《四庫全書》本），卷二四，《山川·夔州府·開縣》載：「青岡山（原注：在縣西南四十里，峰巒崒㠍。）」（頁四六下）

[五]《（雍正）四川通志》，卷二四，《南溪縣》：「龍磨角山（原注：在縣西六十里，其山巉崖有劃破迹，相傳龍常於此磨角。）」（頁一九上）

[六]《（雍正）四川通志》，卷一六上，王隲《條陳採運楠木疏》：「至於運道崎嶇，罄竹莫盡。其尤甚者，如……馬湖屬内，則有高硐、赤岩、黑岩、偏橋板、鬼溪、豬閬岩、弔藤岩、九溪、三渡水等處，峭壁乾溝，亂石壅塞。」（頁五一下）

陷鬼、蛇退馬鞍之類；[一]其水則有若龍吼魚罕、羊角雞肝、[二]臊虎喂鵝、落眉結髮、雷鳴混陣、龔抦剪刀、閻王老虎、帚節鬼門，以至眼號穿錢、[三]路名鬼錯，[四]灘成八害、屵目萬人之類，顧名思義，險實與俱。第不幸而不遇二子，寂寥無聞；其亦幸而未經品題，不拒人於千里，自分終棄之材，猶得以登廟堂之用也，作《山川險惡》。寒巖冰壑，崎嶇萬狀，攀木緣崖，索橋傴僂，升之則躋於九天之上，降之則入於九地之下，怵目駭心，神魂飛越，作《跋涉艱危》。嘗聞蚺蛇吞象，三年而出其骨，禽獸偪人，自古爲然。而況深山窮谷、老箐荒林，固其所窟穴哉，作《蛇虎縱横》。道里之遠，程以千計；夫役之衆，日以百計；供頓之繁，歲以萬計。櫛風沐雨，水陸疲勞，雖雞犬亦有所不寧者，作《採運困頓》。斷岸千尺，下臨無際，結構重疊，綿亘數里，作《飛橋度險》。梁棟美材，天地固秘藏之，重以頻年採取之故，所遺無幾。崇岡疊巘，限隔高下，其爲力且百倍於曩時，作《懸木吊崖》。人日食米一升，一夫負米五斗，往返之期，旬有七日，自給之外，僅足以給二人。萬一變生不測，趨赴少後，緩急將何所濟？作《飢餓流離》。輕生嗜利，夷虜之常。以逸待勞，以衆暴寡，昏夜乘間，將何所不至哉！作《焚劫暴戾》。天災流行，世所必有，加以蠻煙瘴雨之所侵淫，飢渴勞瘁之所搖奪，鮮不及矣，作《疫癘時行》。至若灘高水落，爲力尤難，築堤壅

[一] 陸游：《陸游集》（北京：中華書局，一九七六年），《劍南詩稿》，卷五六，《初春書懷》七之首四句云：「愚公不解計安危，行盡人間惡路岐。難似車登蛇退嶺，險如舟過馬當祠。」（頁一三六七）又卷二九，《兀坐頗念遊歷山水戲作》有詩句：「鬼愁灘下扁舟晚，蛇退陂前古驛寒……（原注：鬼愁灘在安康漢江中，蛇退陂在夔（州）、施（州）兩郡之間，皆畏途也。）」（頁七七六）

[二] 丁寶楨纂修：《四川鹽法志》（《續修四庫全書》本），卷一五，《轉運》十中丁氏指出：「涪州之羊角蹟、彭水之鹿角子爲尤險。」（頁三〇五）

[三] 薛居正等撰：《舊五代史》（北京：中華書局，一九七六年），卷一三四，《楊溥》：「（原注：……先是（楊）行密與（錢）鏐勢力相敵，其爲忿怒，雖水火之不若也。行密嘗命以大索爲錢貫，號曰『穿錢眼』。鏐聞之，每歲命以大斧科柳，謂之『斫楊頭』。」」（頁一七八四）

[四] 李元：《蜀水經》（《續修四庫全書》本），卷一三，《漢水》：「漢水又東南經重慶府城東入江」條云：「略陽縣而上，水行八十里至兩河口……鬼錯路、瓮子灘、銅頂石，共一百二十里。」（頁三六二）

泉、架木飛挽，若轆轤之汲井然，遊移前卻，日不能以一里，作《天車越澗》。波濤泛漲，衝激四出，挽留無計，仰天太息。要之水旱俱病，惟川蜀爲然，作《巨浸飄流》。上自藩臬以至若府州縣，轉相督責，撫字之心誠勞，而職業固然，不敢怠廢，矧無知犯法小民之恒性哉，作《追呼逮治》。山林材木，初不必其皆良，兼之天時人事參錯不齊，外直而中空者十之八，毀折而遺棄者十之九，僥倖苟全，百纔一二。宿負未償，新逋是急，稱貸不足，繼以田宅；田宅不敷，繼以子女；子女不給，隨以妻妾夫人。孰不欲宮室之奉、夫妻子母之屬哉！自全之道固如是也，作《鬻賣償官》。驗收登記，比次成筏，連筋捩頂，雇募器用之類，種種各備。每筏爲木，凡六百有四，爲竹凡四千四百有五，爲銀以兩計者，凡百四十有八，公私耗斁，莫可勝紀，作《驗收找運》。自蜀至京不下萬里，每運爲筏，以二十、三十爲率，每筏運夫四十，每夫日計直十分之五，大約三年，其爲直殆且六萬，要皆生民膏血，日朘月削，其存幾何？父往子來，曾無寧歲，出萬死於一生，作《轉輸疲弊》。噫！不身膏野草，則葬於江魚之腹，隨其所在，動若陷穽。彼青黃雕刻，木之災也；楩楠杞梓，獨非生民之災乎？夫楩楠杞梓，愛護而保全之，徒以應營建所需故也，而陛下赤子，曾楩楠杞梓之所不若？三復萇楚之詩，[一]爲之於邑。

採運圖十五幅

[一] 指毛亨傳，鄭玄箋，孔穎達等正義：《毛詩正義》（《十三經注疏》本），《國風·檜風》，《隰有萇楚》一詩（頁三八二—三八三）。

災也楩楠杞梓獨非生民之災乎夫楩楠杞梓

受護而得全之徒以應營建所需故也而

陛下赤子曾楩楠杞梓之所不若三復萇楚之詩爲

之於邑

採運圖

圖一《山川險惡》

全蜀，古梁（州）、益（州）之地，險阨四塞，獨冠天下。唐李（白）、杜（甫）二子形諸詠歌，至稱天以擬之，固以見非人世所宜有也。乃若採取所由，特異内壤：人跡不到，魑魅魍魎之區，其山則有若青岡黑蕩、石嘴磨角、偏脚砍頂、薄刀棺木、殺人剮腦、猿猴菩薩、峻虎陷鬼、蛇退馬鞍之類；其水則有若龍吼魚犇、羊角雞肝、臊虎喂鵝、落眉結髮、雷鳴混陣、甕柄剪刀、閻王老虎、帚節鬼門，以至眼號穿錢、路名鬼錯，灘成八害、岸目萬人之類，顧名思義，險實與俱。

[解說]

此圖横跨頁四上至六上，於各圖中篇幅最長，繪畫四川險要地勢，單從《採運圖前説》所舉地名，已可想像採木任務的艱巨。圖右方爲險峻山嶺，圖中央有湍急險灘兩處，左下方有採木役夫划艇前進，其前途凶險可以預見。川蜀山川道路險惡，昔人有言：

查楠木皆生於深山窮谷、大箐峻坂之間，因其險遠，人跡罕到，所以能存此木於今日。[一]

四川產木地方，俱係崇山密箐，絶巖危谿，上則險於登天，下則墜於深淵。陸路惟附葛攀藤，水路多綫流巨石……[二]

至若遵義、馬湖等府，俱產高山窮谷、老箐密林之中，非獨人跡不到，鳥道亦稀。[三]

洪雅採木之難有七。往歲木材多近水次，今近者數十里，遠者百餘里，山多危峰窮谷，古所謂不毛之地。夫

[一]《（雍正）四川通志》，卷一六上，《木政》，《署分巡永寧道馬湖府知府何源濬爲請旨事》，頁三一上。
[二]《（雍正）四川通志》，卷一六上，《木政》，《四川等處承宣布政使司布政使加四級劉顯第爲請旨事》，頁四〇下—四一上。
[三] 張曾敏修，陳琦纂：《（乾隆）屏山縣志》（成都：巴蜀書社，一九九二年；《中國地方志集成·四川府縣志輯》），卷七，《藝文志》，何源浚《馬湖府勘念楠木記》，頁三九。

近則易爲力，遠則難爲功，此一難也。[一]

[一] 蔣廷錫等奉敕纂：《古今圖書集成》（上海：中華書局，一九三四年），《方輿彙編·職方典》，卷六三〇，《嘉定州部·藝文一》，毛起《採木記略》，頁四二下。

跋涉艱危

圖二《跋涉艱危》

寒巖冰壑，崎嶇萬狀，攀木緣崖、索橋傴僂，升之則躋於九天之上，降之則入於九地之下，怵目駭心，神魂飛越。

〔解說〕

此圖橫跨頁六下至八上。圖中央刻有「索橋」二字，圖右方有數隊役夫在陡坡拉拽大木往上。高山苦寒，山路難行，運木險狀環生，役夫隨時可能命喪深谷，而要把大木運過索橋，更是難上加難。採木踏勘工作，多由受命官員身任其事，由他們所上奏言尤爲真確可信。明人楊本仁《叙二檀大夫如雲南》有言：「吾嘗督木於蜀，歷夔（州）涉瀘（州），躡劍峽，犯眠（江）、沱（江）；尺書宵征，一身萬里……阽危也者數矣。」[一]康熙（一六六二—一七二二）初年的巡撫四川都察院右副都御史張德地（？—一六八三）亦言：「深山大箐，峭壁懸崖，人跡從來罕到，距水最爲隔遠。現在踏勘猶號艱難，則將來伐運之費，誠不易爲力也。」[二]略同時又曾出任同一職務的章佳杭愛（？—一六八三）也言：「遙望一木所在，必繂拽始至其地。足胝履穿，攀籐骨戰，側身亦苦難立，砍伐何以施工？」[三]康熙二十二年（一六八三）馬湖府知府何源浚亦曾親身勘察大木，言：「山之高者逶迤而上，俯視欲墮，手附藤蘿盡力攀躋，衣履數易……粮匱，衆采野蒿爲食。」[四]勘察工作艱巨繁重，包括計算大木數量、規格和位置，採伐所需費用及役夫數目等。[五]而採伐工作亦難之又難，昔人於此有言：

[一] 楊本仁：《少室山人集》（《續修四庫全書》本），卷一九，頁三八三。萬斯同《明史》，卷一三七，《志》一一一載：「楊本仁《少室山人集》二十四卷（原注：字次山，杞縣人，嘉靖己丑〔八年〕進士，刑部主事。一名《少室夢言》。）（頁五二四）

[二] 《（雍正）四川通志》，卷一六上，《木政》，《巡撫四川都察院右副都御史張德地題爲請旨事》，頁一八下。

[三] 《（雍正）四川通志》，卷一六上，《木政》，王隲《條陳採運楠木疏》，頁五一上—下。

[四] 《馬湖府勘念楠木記》，頁三九。

[五] 藍勇：《明清時期的皇木采辦》，《歷史研究》，一九九四年六期，頁九一。

蓋四川環山巉巖，惟成都府境左右稍稱平衍，並無大楠。臣曾出勘，如沙坪、灌口、賈家山、何家山等處，俱屬竣嶺懸崖。運路自山抵江，或百餘里，或七八十里，所經由地俱屬深澗幽壑。一溪之行，紆折幾盤，必費多力而始轉；一石之塞，橫亘長川，必待暴水而始過。較他崗阜，迴逾千倍，此臣之所見也。[一]

當砍伐之時，非若平地易施斧斤。必須找廂、搭架，使木有所倚，且便削其枝葉，多用人夫、纜索維繫，方無墜損之虞。故明時必召募架長、斧手於湖廣辰州府，始能找廂、伐樹，此砍木之難也……一，斧手、架長宜提取也。查採木舊例，斧手、架長俱出湖廣辰州府，其斧手砍伐、穿鼻，架長尋路、找廂，皆其慣習，各有定法。若不得其人，木料必致撲損。勢必於辰州府召募斧手二百名、架長四十名，押送來川，分給兩廠，庶安頓布置得宜，而巨材易於伐運矣。[二]

[一] 平漢英輯：《國朝名世宏文》（《四庫未收書輯刊》本），卷八，《工集》，王隲《請免川木》，頁七二五。

[二] 《署分巡永寧道馬湖府知府何源濬爲請旨事》，頁三一上。「穿鼻」即將大木穿孔以便繫纜拖運，「找廂」即「像鋪設鐵路一樣，以兩列杉木平行鋪設于路基或支架上，每距五尺橫置一木。同時有專門的篾子匠造作纜索及助滑竹皮，鐵匠打製工具。拽運時其間免不了要用石匠開采巨石，架長在陡坡處用木墊低就高，減小坡度，並於兩高山間壘建高架成橋。拽木前運夫們都要殺牲斟酒『祈神籲天』，再將大木直臥在橫木上，用繩繫在大木首端的鼻孔上多人負杠拖行。按制每十里設置一塘，逐塘運送。明制一株長七丈、圍一丈二三尺者的大木便需用運夫五百名之多，有的則稱一木『拽運輒至七八百人』。」而斧手專業性強，因而都從辰州府召募而來，以上參藍勇：《明清時期的皇木采辦》，頁九二。

蛇虎縱橫

圖三　《蛇虎縱橫》

嘗聞蚺蛇吞象，三年而出其骨，禽獸偪人，自古爲然。而況深山窮谷、老箐荒林，固其所窟穴哉。

［解説］

此圖由頁八下至九上。圖右方有採木役夫上山，亦有在山中勞動者，而圖中央的巴蛇、蜀虎伺機進襲，其中有一虎已噬住一人。懸崖前有二人墜下。圖左下方有人倒臥地上，依原文文意，當亦爲蛇虎所傷；有數人張弓搭箭，欲捕殺蛇虎。《山海經》載：「巴蛇食象，三歲而出其骨。」明人胡文焕爲《圖説》，有言：「今南方蚺蛇吞鹿，已爛，自絞于樹，腹中骨皆穿鱗甲間出，此類也。《楚詞》曰：『有蛇吞象，厥大何如。』説者云長千尋。」[一] 據藍勇的研究，川北大巴山劍、利、集、巴、達諸州華南虎出沒尋常，川東南涪州是其棲息地，而川南嘉、戎、瀘州沿江丘陵森林地帶密林中虎出沒爲害，人行常畏之。[二] 李白（七〇一—七六二）《蜀道難》詩有句云：「朝避猛虎，夕避長蛇，磨牙吮血，殺人如麻。」亦可爲此證。[三]

［一］胡文焕：《山海經圖》（早稻田大學圖書館藏胡文焕校刻本），卷一〇，《海内南經》，頁五下。
［二］藍勇：《歷史上中國西南華南虎分佈變遷考證》，《貴州師範大學學報》（自然科學版），一九九一年二期，頁五六。
［三］《李太白全集》，頁一六五。

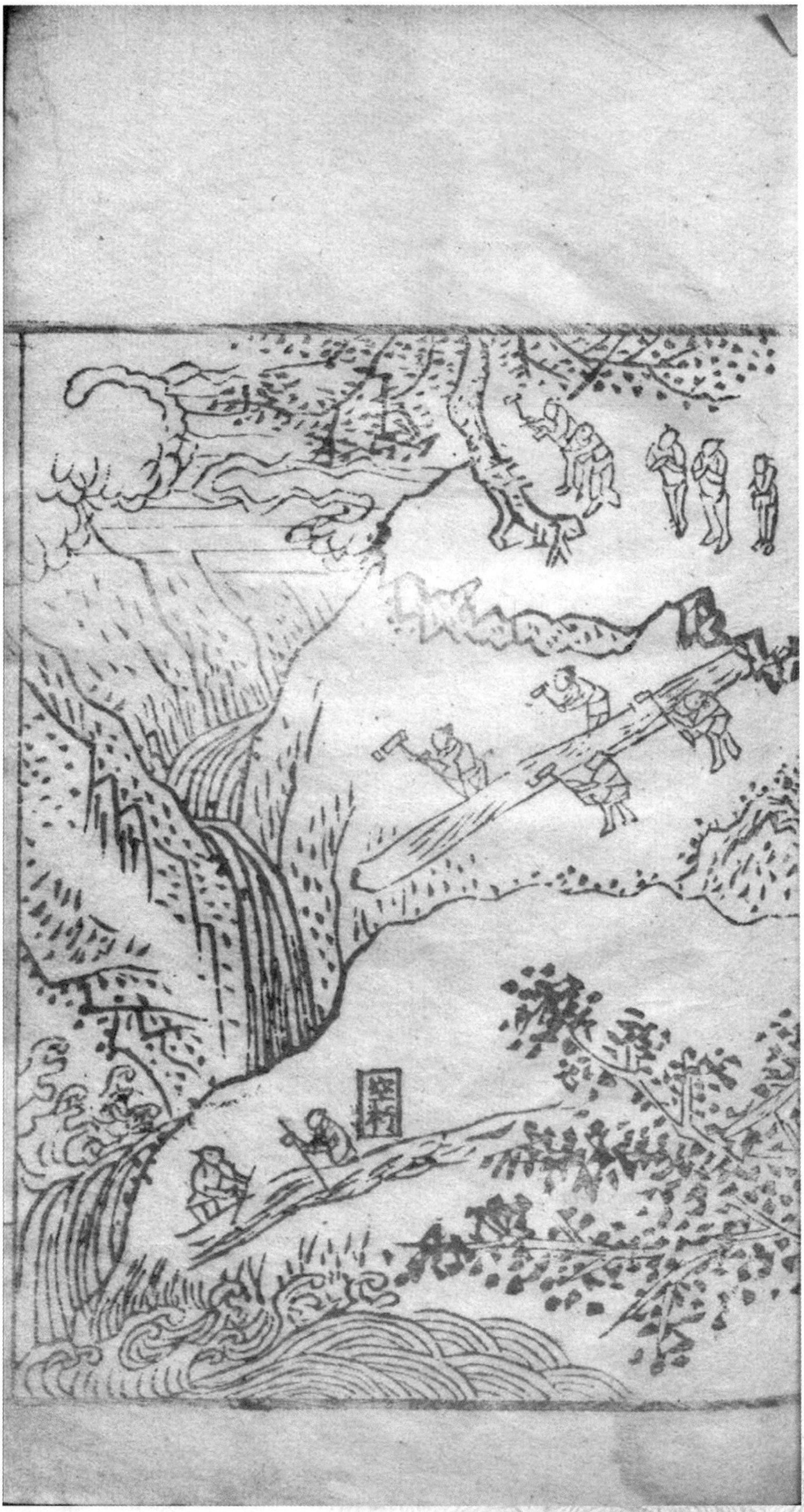

圖四　《採運困頓》

道里之遠，程以千計；夫役之衆，日以百計；供頓之繁，歲以萬計。櫛風沐雨，水陸疲勞，雖雞犬亦有所不寧者。

［解說］

此圖由頁九下至一〇上，伐木役夫共二十九人，爲各圖最多。圖中央有一批役夫在伐大木，另有兩批人以繩索將大木緩緩吊下。圖右下方於樹幹斷裂處刻有「損折」二字，樹腳傍有兩人爬倒地上，其前方有四人飛墜而下，一人倒臥谷底，當爲採木時遇上意外。圖左下方刻有「空朽」二字，木雖可伐而已中空，朽不可用。此四字與《鬻賣償官》所言「山林材木……外直而中空者十之八，毀折而遺棄者十之九」前後呼應。採木耗費之巨，昔人有言：

至若所用夫役，動以數千計，蜀地民稀，即盡一郡一邑之老壯男婦，不足充木夫之用，況有耕耘之業乎？勢必出於傭募，而應募者多係外省游手之人，無家屬之相繫。伐木拽運乃艱辛之役，必用厚值相傭；稍經磨苦，即易逃竄。若必傭募本地有身家者，則寥寥戶口，應募無人……此夫役之難也。至若經費一項……每夫日支米一升、傭工銀六分；斧手、架長日支米一升、傭工銀一錢。其合計錢糧之多寡，則視乎人夫、匠役之多寡，與閱歷時日之遲速耳。」[一]

查前《估計冊》，內載採伐楠、杉二木，找架需用架匠，伐木穿鼻需用木匠，造運木車輪需用木、鐵二匠，製拉木篾纜需用篾匠，搭運木天橋需用木、石二匠，又大江紮筏須用木匠。統計分廠採伐，每日所需，必得架匠四十名、木匠四百名、鐵匠一百五十名、石匠一百名、篾匠四十名，方可分撥聽用……統計每日所需，必得夫五千名方可分撥。[二]

［一］《署分巡永寧道馬湖府知府何源濬爲請旨事》，頁三一下—三二下。
［二］《四川等處承宣布政使司布政使加四級劉顯第爲請旨事》，頁三八下—二九上。

臣隨傳綏陽縣，查出舊時木廠附近居民吴之璽、梁維楝、任明選等三人，親問採木之法。據供，故明時……架長、斧手俱係湖廣辰州府人……架長看路找廂。找廂者，即墊低就高，用木搭架，將木置其上，以爲拽運之説也。斧手伐樹取材、穿鼻；找筏人夫，拽運到河，用石匠打當路石、篾匠做纜子、鐵匠打斧頭與一應使用器具。一廠用斧手一百名、石匠二十名、鐵匠二十名、篾匠五十名、找廂架長二十名。楠木一株，長七丈、圍圓一丈二三尺者，用拽運夫五百名，其餘按丈尺減用。[一]

[一]《巡撫四川都察院右副都御史張德地題爲請旨事》，頁一八下。

飛橋度險

橋場

圖五　《飛橋度險》

斷岸千尺，下臨無際，結構重疊，綿亘數里。

［解說］

此圖橫跨頁一〇下至一二上。圖右方有一組伐木工人經過重重木橋，拖拉大木前進。木橋層層疊疊，建於深山窮谷之中，長達數里，由各種工匠參與建造自屬必然；而搭建、維修之難亦不待言。圖中央之處另有一組工人合力拉扯繩索，一人半身隱沒橋下，狀甚危急；更左方刻有「橋塌」二字，橋斷處可見有人與斷木齊墮深谷。所謂「飛橋度險」，有能度者，亦有不能度者。懸崖架橋橫渡之險，昔人有言：

綏陽縣產木處所實不通水路，必由桐梓綦江至重慶入江，一路羊腸鳥道、峭壁懸崖，空行之人亦難若登天。如拽重木，必須多人，一遇曲折狹徑并深澗斷壑，必架廂填砌方可，一日拽移二三里……（仁懷）縣屬雖有所產楠木，皆在深嶺人跡不到之處。至於砍伐，非比平地木植可以隨用斧斤。高箐之中，必須找廂搭架，多用人夫、纜索，方可修巔、去頂、截根，此砍木之難一也。[一]

然使死而有濟於採木，猶之可也。第地之生材有限，人之取木無窮，僅存者必在懸崖峭嶺之上，幸而偶獲，找廂、搭架，一巨木應費百小木。萬一繩纜不固，木傾石裂，千命齏粉矣。[二]

遙望一木，必須牽拽始至其地。足胼履穿，扳藤骨戰，側身一難立足，斫伐何以施功？至於運道崎嶇，罄竹莫盡。其尤甚者，如遵義屬內之落水孔、豬聞孔、細鱗崗、塵子峽，曲折拐彎；天生橋、三箇崗、葫蘆崗，水從崗中流出。又下魚崗濱塔天橋，長三百六十餘丈……馬湖屬內，則有高崗、赤岩、黑岩、鬼溪、偏脚、板豬、聞

［一］《巡撫四川都察院右副都御史張德地題爲請旨事》，頁一六上。
［二］《補續全蜀藝文志》，卷二〇，《表疏奏》，劉綱《爲地方災傷乞賜調停疏》，頁一五〇。

岩、弔藤岩、九溪、三度水等處，峭壁乾溝，亂石壅塞。雖山水高過十丈，旋長旋涸，非神術不能濟運……此臣之所聞也。即欲參考古法，搭架拽運，墊低就高，轉輾上下。木在溪澗，利於泛漲；木在山陸，又以泛漲爲累。故陸運必於春冬，水運必於夏秋；忽水忽陸，非可一直而行、計日而至。[一]

凡木之道，越岡度嶺，必有飛棧焉；巖砦嶔崎，必設偏棧焉。凡棧必以巨木爲之，下皆以樹實其空竅，兩旁拖服廂棧，或數十丈百餘丈，有遠數十里者，此皆浮功浪費，難以歲月計，此三難也。[二]

[一]《請免川木》，頁七二五—七二六。
[二]《採木記略》，頁四二下。

緣木弔崖
自下挽上

自上而下

圖六　《懸木吊崖》

梁棟美材，天地固秘藏之，重以頻年採取之故，所遺無幾。崇岡疊巘，限隔高下，其爲力且百倍於曩時。

［解説］

此圖由頁一二下至一三上。圖右下方刻有「自下拽上」四字，一組工人正往上拖拉大木。圖左上方刻有「自上而下」四字，因大木罕有，須小心處理，不能逕從高處摔下。與圖四相比，此圖所吊大木尺徑更大，下吊所需木工更多，且要以木樁借力。又因採木之地在深山窮谷、懸崖峭壁之間，難度更大。吊運、拽運大木之難，昔人有言：

拽運之路，俱極險窄，懸崖側足，空手尚苦難行，用力最未容易。必須墊低就高，用木搭架，非比平地可用車輛上坡下坂。[一]

若夫產木處所，盡屬危巖峭壁，即空行尚須扳藤捫葛。楠木一株，動須人夫百千，方能拽動。而山路險窄，亦難立足；山勢曲折，不能并走。勢必開山填砌、找厢搭架，所用人夫非比泛常，拽運工程難以日計，此搬運之難二也。[二]

[一]《署分巡永寧道馬湖府知府何源濬爲請旨事》，頁三一上。
[二]《巡撫四川都察院右副都御史張德地題爲請旨事》，頁一六下—一七上。

飢餓流離

取樹皮
取草根

圖七 《飢餓流離》

人日食米一升，一夫負米五斗，往返之期，旬有七日，自給之外，僅足以給二人。萬一變生不測，趨赴少後，緩急將何所濟？

［解說］

此圖由頁一三下至一四上。圖右方有人爬行於室外，圖中央有人躺於陋室之中，而左方有兩人匍匐地上。繪者惟恐讀者未能領會圖意，於左方刻有「取草根」及「取樹皮」數字，表明圖中人因飢餓乏食而病倒。昔人於此有言：

鳥道羊腸，挽運之夫不可擔簦。負載而行，十數鐘致一石，以故人食不再飽，饑疲勞倦，又無室以居，蓬木編葉，故易蒸沴之疾，此七難也。［一］

不過，圖中工人並非身處深山險要之地，卻仍要吃草根、啃樹皮，則「飢餓流離」者實不以深入山林者爲限。

［一］《採木記略》，頁四二下。

焚劫暴灰

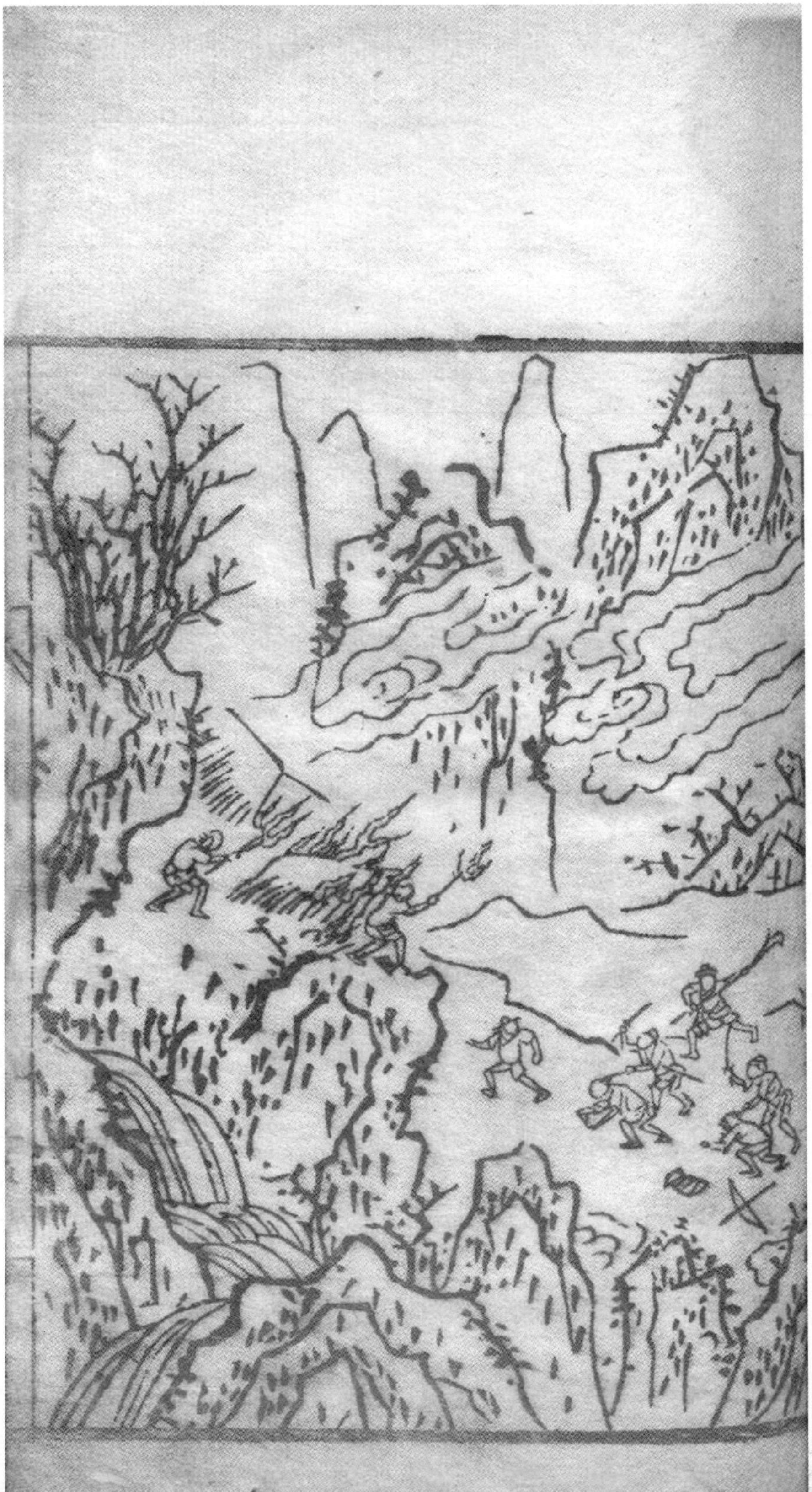

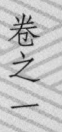

圖八 《焚劫暴戾》

輕生嗜利，夷虜之常。以逸待勞、以衆暴寡，昏夜乘間，將何所不至哉！

［解說］

此圖由頁一四下至一五上。圖右方的建築物及外圍起火，而山上有人手持火把；圖中央有人被手持刀棒者追逐，有人被圍毆；右下方有人張弓搭箭，未知是敵是友。按原文，施襲者當爲土夷或邊區山賊。採木役夫橫遭劫殺，昔人有言：

今採木地方，原屬夷落，方人採而夷人擄掠一夫，十去其四，贖人每名五兩以外。及既伐而夷人索求地價，不令運行，每株三、五十金。[一]

腹裏府州縣界荒山叢莽，更無寸木，必至土官番夷地方，乃間有得。然夷性貪冒，非重價不得砍伐；夷民冥頑，非重賞不得運魄。[二]

山在蜀西南徼外，故邛莋諸夷不格化。木商至，多予金帛布繒，謂之「山本錢」，需酒肉犒勞不時至；稍不如意，則以革纏縛人於道，懸索償值，若販賈焉。官不爲取，其人非死、轉鬻他夷，無可逃者。其夷道皆度索尋橦，人跡不至，惟土夷慣習，跳梁於上甚捷便，利刃不釋身，與命俱，故不敢激，恐爲變，此五難也。[三]

［一］《爲地方災傷乞賜調停疏》，頁一五〇。

［二］黃光昇：《昭代典則》（《續修四庫全書》本），卷二八，丁巳三十六年夏四月條，頁八四八—八四九。

［三］《採木記略》，頁四二下。

圖九　《疫癘時行》

天災流行，世所必有，加以蠻煙瘴雨之所侵淫、飢渴勞瘁之所搖奪，鮮不及矣。

［解説］

此圖由頁一五下至一六上。圖中人或雜相躺臥室内，或隨處倒伏地上；尚能活動者，亦傴僂持杖。木料既置於一旁，顯然各人沒有參與採運工作。圖中右方刻有「瘴氣」二字，瘴氣瀰漫於上空，當爲致病之源。疫癘之害人，昔人有言：

比者西蜀四道郡縣，俱在建昌地方做木。建昌密邇雲南，去四川省城三千餘里，道路險隘、巉石崎嶇，即三國時不毛南中。而所經瀘水一帶，原係瘴癘之地。見今採木編民及往來運糧夫役，觸瘴而死者，白屍遍野；渡瀘而溺者，堆骨可橋。穢氣聞於百里，野哭散於千山。[一]

如一號楠、杉連四板枋，此等巨木，世所罕有。即或間有一二，亦在夷方瘴癘之鄉、深山窮谷之内，尋求甚苦、伐運甚難。[二]

以採木言之，丈八之圍，豈止百年之物？深山窮谷，蛇虎雜居，毒露常多，人煙絕少。寒暑、飢渴、瘴癘死者無論已。乃一木初臥，千夫難移；倘遇阻艱，必成傷殞。蜀民語曰：「入山一千，出山五百。」哀可知也。[三]

山濃雲淋，雨不時至，古謂之漏天者也。春夏之交，瘴癘中人，轉相傳染，人不敢近。病無生理，枕藉莫收，腐穢之氣，達數百里。夔魈蛇虺之怪，往往而有，亦能殺人，此六難也。[四]

［一］《爲地方災傷乞賜調停疏》，頁一四九—一五〇。
［二］《（雍正）四川通志》，卷一六上，《木政》，《四川等處承宣布政使司爲傳奉事》，頁一一上。
［三］乾隆勅編：《御選明臣奏議》（《四庫全書》本），卷三三，呂坤《陳天下安危疏》，頁二下—三上。
［四］《採木記略》，頁四二下。

天車起綱

圖一〇　《天車越澗》

至若灘高水落，爲力尤難，築堤壅泉、架木飛挽，若轆轤之汲井然；遊移前卻，日不能以一里。

［解説］

此圖橫跨頁一六下至一八上。圖左方有役夫合力拉挽大木前進，其前方位置刻有「壅泉」二字。溪水、河水不足以浮起大木時，須堵塞河道、築堤蓄水以便運送。圖右方架有木橋，對岸有役夫分爲左右兩組，各推轉「天車」，牽繩索以拉起大木過橋。天車原用於汲井灌田，役夫則借此法以助運木。於山澗河邊運木，昔人屢言其難：

海南之田凡三等。有沿山而更得泉水，曰泉源田。有靠江而以竹桶裝成天車，不用人力，日夜自車水灌田者，曰近江田……[一]

（採運大木）輾轉數十里或百里始至小溪，又苦水淺，平時不能浮木；且溪中皆怪石林立，必待大水泛漲之時，漫石浮木，始得放出大江。然木至小溪，利於泛漲；木在山陸，又以泛漲爲病。故舊例，九月起工，二月止工，以三月河水泛漲，難於找廂。是拽運於陸者在冬春，拽運於水者在夏秋，非可一直而行、計日而至，此拽運之難也。[二]

大木之出山，紆迴周折，固非月日可計。及至于小溪，河水大猶易於撥運；倘水涸微細之時，縱有人力，莫可施爲，勢必延候水漲。此中經年累月，難以預定。[三]

木非難而採難，伐非難而出難。木值百金，採之亦費百金；值千金，採之亦費千金。上下山阪，大澗深坑，根株既長，轉動不易，遇阬坎處，必假他木抓搭鷹架，使與山平，然後可出。一木下山，常損數命，直至水濱，

［一］顧岕：《海槎餘録》（臺北市：臺灣學生書局，一九八五年），不分卷，頁三九三。
［二］《署分巡永寧道馬湖府知府何源濬爲請旨事》，頁三一下。
［三］《四川等處承宣布政使司布政使加四級劉顯第爲請旨事》，頁四一上。

方了山中之事。[一]

夷山峻阻，非開山架棧不得轉移；木生深壑，非天車、龍絞不可升提。木巨途遠，崎嶇屈曲，每木一根，非千夫不可拖行。[二]

至於上筏之處，必由溪河水道，而山谷一綫涸水，皆係亂石填阻。若非天雨旬日，則水不盈尺，勢必從下流築隄截壅，蓄水丈餘，方可順流拽運。然須逐路築隄蓄水，始能前進；若遇大石阻擋，又必多用石匠鑿去。相地形之高下，用轉移之權變，事難程限，此上筏之難三也。[三]

沿路安塘，十里一塘，看路徑長短安設。一塘送一塘，到大江，九月起工，二月止工；三月河水泛漲，難以找廂施工。先於七月内動人夫五十名，尋茹纜皮，堆集放於廂上，取其滑以拽其木。[四]

[一] 王士性撰，呂景琳點校：《廣志繹》（北京：中華書局，一九八一年），卷四，《江南諸省》，頁九六。
[二] 《昭代典則》，卷二八，丁巳三十六年夏四月條，頁八四九。
[三] 《巡撫四川都察院右副都御史張德地題爲請旨事》，頁一七上—下。
[四] 《（雍正）四川通志》，卷一六上，《木政》，《巡撫四川都察院右副都御史張德地題爲敬陳採辦楠木之法上可無誤欽工不致糜費錢糧下可確實辦運不致累及殘黎事》，頁二三下。

巨浸飄流

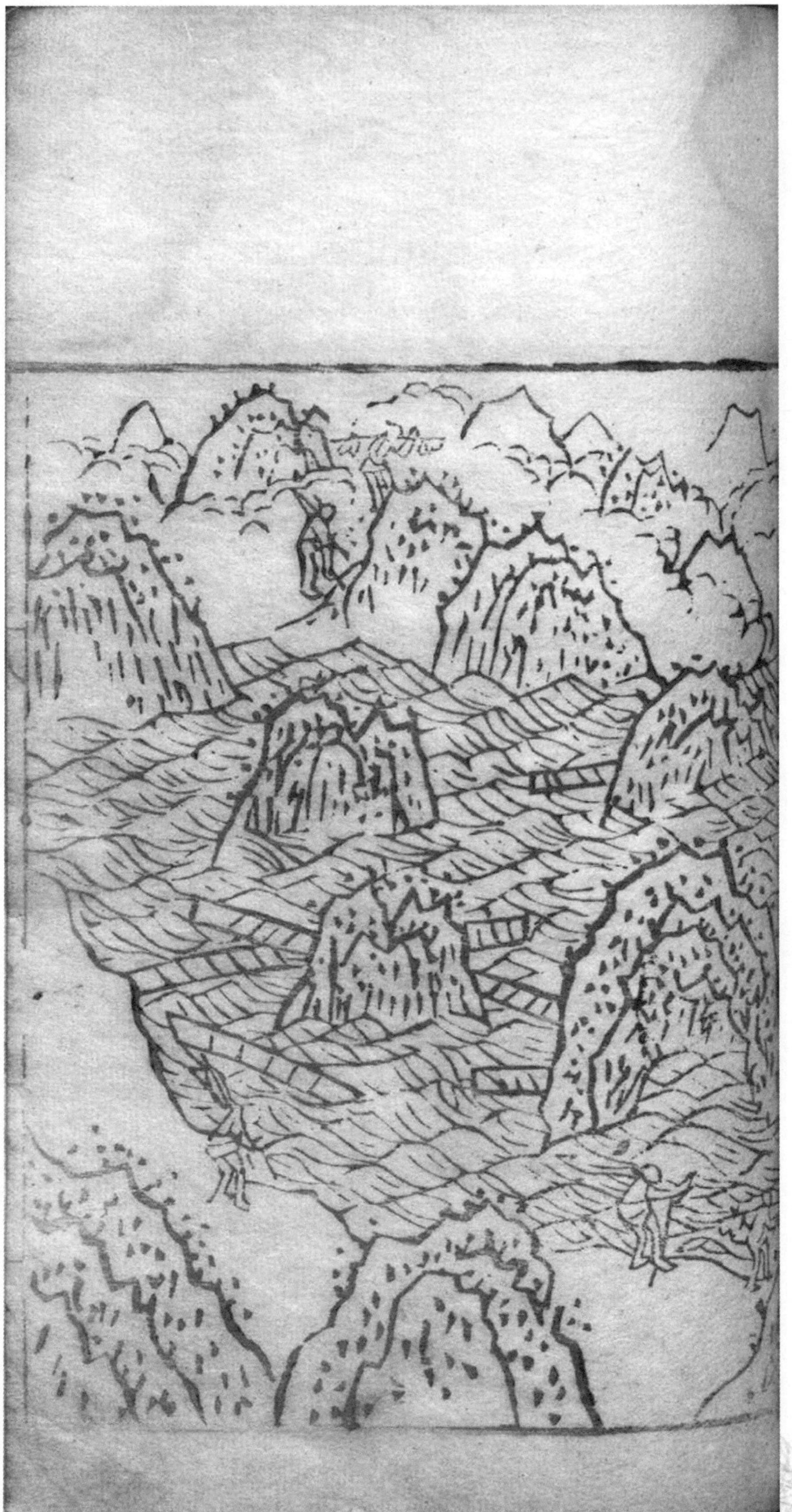

圖一一 《巨浸飄流》

波濤泛漲，衝激四出，挽留無計，仰天太息。要之水旱俱病，惟川蜀爲然。

〔解說〕

此圖横跨頁一八下至二〇上。圖左方由近岸處起，大木依次沿小河漂流，運木役夫亦划船隨行，岸邊每隔若干距離亦有役夫配合。大木漸次進入大江大河、巨浪怒濤之中，每有漂没而無法撿回者。大木於此折損，昔人有言：

凡木之行，釁牲釃酒、祈神籲天而後繫纜以挽。挽盈數百千人，終日不移寸，如餓馬之齕草焉；或一行數十丈或百丈，挽不及趨，若有神以相之。凡木之登架，首有枕木、撥木。或中架落箐，雖盈丈之木，勢如拉朽，少有完者。幸完，則施繳車綆而陟之，爲功萬倍。盡陸臨江，謂之「點水」，千人呼唱，以爲幸然。江多巨石，激浪漩伏盤渦，勢不可磯，度此始爲成材。然爲水所衝折十或減三四，此四難也。[一]

蜀中水手止諳川河水性，至於經歷之湖廣、江西、江南等處，均屬大江，風浪易作，水性各有不同，而山東、北直閘河之行動，則又有異，非各省應付水手人夫遞運，恐有漂没之虞。則經過地方作何接替，其法不可不預爲議定，非先期行知各省不可也，此運送到京之難也……[二]

[一]《採木記略》，頁四二下。
[二]《署分巡永寧道馬湖府知府何源濬爲請旨事》，頁三三上—下。

圖一二 《追呼逮治》

上自藩臬以至若府州縣，轉相督責，撫字之心誠勞，而職業固然，不敢怠廢，矧無知犯法小民之恒性哉。

［解說］

此圖由頁二〇下至二一上。圖下方有兩批人爲繩所繫、遭逐一逮回。圖右下方刻有「禁係」二字，有人被囚於室內，左方有民人荷鋤來往山中。所謂「無知犯法小民」，指依戀稼穡、欲逃返家園的農民。龔輝表面上有責難之意，而實深具同情之心。

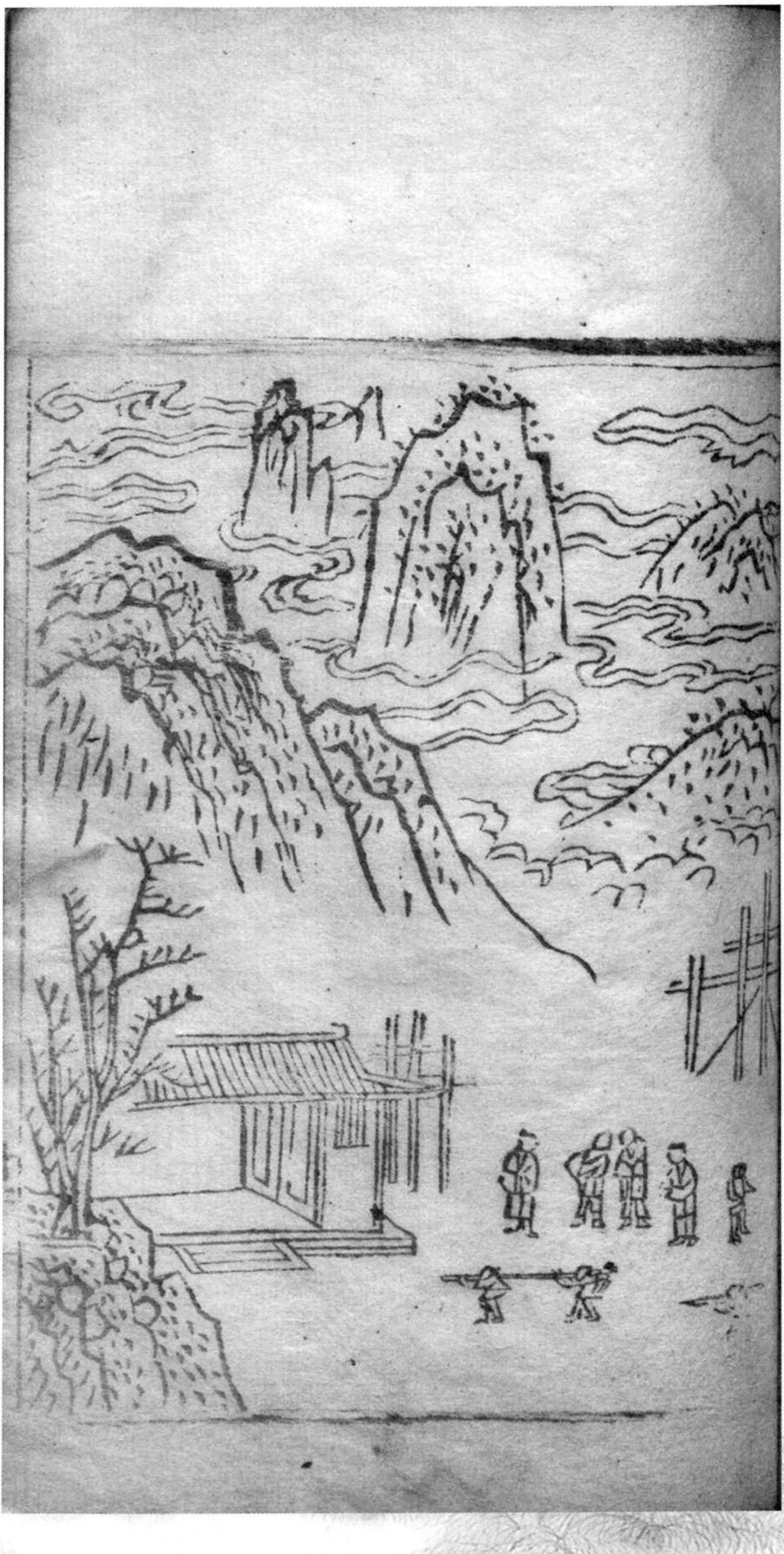

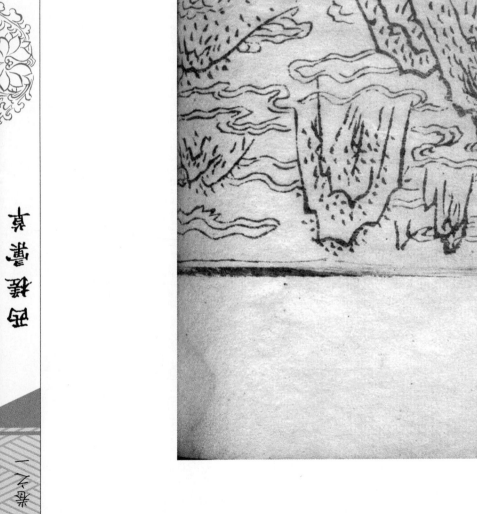

圖一三　《鬻賣償官》

山林材木，初不必其皆良，兼之天時人事參錯不齊，外直而中空者十之八，毀折而遺棄者十之九，僥倖苟全，百纔一二。宿負未償，新逋是急，稱貸不足，繼以田宅；田宅不敷，繼以子女；子女不給，隨以妻妾夫人。孰不欲宮室之奉、夫妻子母之屬哉！自全之道固如是也。

［解説］

此圖由頁二一下至二二上。圖中人與採運工作似無關係，依文意，當爲受牽連的家族成員。圖中央下方有身穿衣裙、有體型較小而在勞動之列者，當即參與採木之役的大戶的妻兒親屬。採得的大木不合用、官府追捕之嚴苛，昔人屢有言及：

大木徑五六尺、長八九丈者，非數百年長養不成；即有成者，中多空虛。凡空虛起於内灌，有天灌者，自上灌注而下；有地灌者，自下濕蒸而上；有人灌者，中有朽眼，濕從而入，氣蒸而上、濕注而下。故大木即遇有十餘株，而可採用者亦只十之三四而已。[一]

然使人死而無損於木，或得順移水端，猶之可也。此山多係巉巗溪澗，不通大河，板商往往候暴雨水漲，順勢放出。至於大木自上投溪，勢常植立，倍力撼搖，非裂則折，小不受大，理勢固然……有司督率百姓如狼使羊，惟恐聚之不齊、赴之不急，以速官謗。故照丁加役，而曾不恤其行李，則死者非命所爲、非傭所致，有司所爲案藉而收之穽中者也。上帑發于有司，如肉餒虎間，有重派丁糧以希乾沒木價，而曾無調均之術；則費者非由神輸、非從公出，百姓所爲皮毛不足而繼以脂血者也。[二]

［一］《昭代典則》，卷二八，丁巳三十六年夏四月條，頁八四九。
［二］《爲地方災傷乞賜調停疏》，頁一五〇。

凡木之産山，必穹窿嵂崒、黎土深箐，方能干霄蔽日，備大棟之用。然性多香蠹腐貫，伐其十得一二焉以爲幸，或有盡一山不成一鍾者，此二難也。[一]

[一]《採木記略》，頁四二下。

圖一四 《驗收找運》

驗收登記，比次成筏，連筋捩頂，雇募器用之類，種種各備。每筏爲木，凡六百有四，爲竹凡四千四百有五，爲銀以兩計者，凡百四十有八，公私耗數，莫可勝紀。

［解說］

此圖由頁二二下至二三上。圖中自左至右，有木工在量度、鋸切、紮縛及拉運大木。圖中央有戴官帽者二人，前方有人被按倒在地，一人騎於其背上；又有一人跪倒在旁，似待受審或受罰，而旁有一人高舉木棍。此圖所繪與解說文字並無關連，尤當細玩圖意。

圖一五 《轉輸疲弊》

自蜀至京不下萬里，每運爲筏，以二十、三十爲率，每筏運夫四十，每夫日計直十分之五，大約三年，其爲直殆且六萬，要皆生民膏血，日朘月削，其存幾何？父往子來，曾無寧歲，出萬死於一生。

［解說］

此圖由頁二三下至二四上。圖中由左而右，岸邊有役夫拉挽繩索，拉動運木船前進；船首船尾亦有衆多工人撐搖船隻或忙於工作。江面上浮有大木，木材隨船而行。晚明來華意大利耶穌會傳教士利瑪竇（Matteo Ricci，一五五二—一六一〇）就曾描述運河的運木情況：

經由運河進入皇城……神父們一路看到把梁木捆在一起的巨大木排和滿載木材的船，由數以千計的人們非常吃力地拉着沿岸跋涉。其中有些一天只能走五六英里。像這樣的木排來自遙遠的四川省，有時是兩三年才能運到首都。其中有的一根梁的價值就達到3000金幣之多，有些木排長達兩英里。[一]

萬里轉輸之苦，昔人有言：

每夫日支米一升、傭工銀六分。斧手、架長，日支米一升、傭工銀一錢。伐樹用三牲祭，初一、十五用豬羊祭，其肉分給匠役人夫。督木同知將放出木頭，赴督木道交割。八十株找一大筏，召募水手放筏。每筏用水手十名、夫四十名，差官押運到京……一，找筏完結，入江起運，宜逐省撥夫遞送也。蜀省到京，水程最遠約有年餘，若不逐省遞送，誠恐沿路遲滯。查馬（湖）、遵（義）二府，小溪俱會合於重慶大江；由重慶而下夔關，徑通湖廣。若木植運抵楚界，必須逐省沿途州縣，撥水手人夫遞送前去，仍各具，不致耽延，印結報部。庶各地方

［一］利瑪竇、金尼閣著，何高濟、王遵仲、李申譯，何兆武校：《利瑪竇中國札記》（北京：中華書局，一九八三年），第四卷第二章，頁三二六。

皆有專責，可無沿途遲滯之虞。[一]

今川省路途遙遠，黎庶寥寥，與他省不同。且所需頭舵、橈夫甚衆，如令直送進京，必致經年累月，棄產拋家，有累於民。[二]

及至請官視鳩衆僝工，轉輸萬里，江湖河閘，或流或連。夫動盈億計，爲費不貲，波濤風雨，諸苦倍出。[三]

總括以上十五圖，誠如明人蕭如松《蜀輿大兵乞罷礦稅寬採木疏》所言：

夫蜀之大木，非常產也，每在夷方深箐之中、斧斤不入之地，更歷數百十年之久，方成巨材，乃可供用，此無論。夷人索直，百倍尋常。即輓運艱辛，萬夫併力，如臨溪澗，必伐木填滿，方可轉輸；一遭顛壓，多不保命。夫役露處深山，裹粮充飽，偶冒瘴癘，半屬死亡。初、次兩運，雖經報完，三運屆期，無木可採；即有之，多不合式。官之催督，急于星火；民之供辦，拋命山林，此採木之苦，可爲流涕者一也。[四]

與龔輝所言可互相發明。

[一]《巡撫四川都察院右副都御史張德地題爲敬陳採辦楠木之法上可無誤欽工不致糜費錢糧下可確實辦運不致累及殘黎事》，頁二三下—二四上及二七上—下。

[二]《四川等處承宣布政使司布政使加四級劉顯第爲請旨事》，頁四四下。

[三]《採木記略》，頁四二下。

[四]朱吾弼：《皇明留臺奏議》（《續修四庫全書》本），卷一四，《礦稅類》，頁六三八。此疏有注語「二十七年上」，指萬曆二十七年。

採運圖後說

蜀省採買，其爲府者凡六，其爲州者凡十，其爲縣者凡六十有四，其爲衞者凡七，其爲宣慰、宣撫長官司者凡八。臣輝謹按：採運履歷，舉凡見例，繪爲一十伍圖如右。其《山川險惡》，未暇覼縷，所謂存十一於千百焉耳。按圖索迹、觸類引伸，可想而見也。其《跋涉艱危》《採運困頻》《飛橋吊崖》《飢寒疫癘》《蛇虎傷殘》《焚劫暴戾》《巨浸飄流》《壅泉越澗》諸圖，皆出於人言之所稱述、畫工之所想像。使身視歷之，復身親圖之，則一時議擬形容，臣不識又當何如。其《追呼逮治》《鬻妻賣子》，以至《驗收找運》《轉輸疲弊》之狀，臣目可得而見、口可得而言，第恨手不可得而圖耳。要之，苦心惟良工也。彼繪畫者流，烏足以與此哉！雖然所可圖者，迹而已矣，抑末也。昔孔子係【繫】《易》之辭有曰：「天地之大德曰生，聖人之大寶曰位。何以守位？曰人；何以聚人？曰財。」[一]是財者民之心，民者邦之本，非細故也。傷財病民，元氣陰耗，雖苦心良工不能措手，可以意得，不可以迹求也。古今天下之瑞無踰於人，今嘉祥殊祉，莫不畢集，所乏惟人瑞耳，凡以土木之役未息故也。此役誠息，則財裕民安、元氣克實，太平斯有象矣。臣當更上《人瑞之圖》，以足當今之所未備。仰惟皇上聖德好生，與天地相爲流通。顧臣奉使無狀，不能宣揚德意，無所逃罪。復以不識忌諱，致勤陛下宵旰之思。臣雖萬死，何以自贖？臣不勝戰慄，侍【待】罪之至，稽首頓首謹志。

西槎彙草卷之一終

［解說］

《採運圖前・後說》仔細描述採運木材給四川百姓以至地方官員帶來的沉重負擔，繪影繪聲，感動人心。不過，

[一]王弼、韓康伯注，孔穎達正義：《周易正義》（《十三經注疏》本），卷八，《繫辭・下傳》第一章有言：「天地之大德曰生，聖人之大寶曰位。何以守位？曰仁；何以聚人？曰財。理財正辭，禁民爲非曰義。」（頁八六）

採運木材之舉並沒有隨龔輝上疏而終止，直到萬曆年間而規模更大，終明亡而不止。參照晚明清初各朝大臣所上奏疏，尤能說明本書各圖與《圖說》所欲言而未能盡言之處。

萬曆二十八年（一六〇〇），工科都給事中王德完（一五五四—一六二一）上《四川異常困苦乞賜特恩以救倒懸疏》，與龔輝所言可互相印證：

……方今海内民不堪命矣！萬里君門，無階上達，廼西川困苦之狀，則臣所目擊心酸者……臣惟川中有大苦，一曰大木之苦。採木初檄有云：「招商採買大木，無與小民。」聖明愛養元元，意誠篤至，顧勢有不能者。蓋大木不產於中土，而產於夷巢猓窟、巉巖復澗之區，仰若登天，俯如墮井。尋採則扳躋險惡，拽運則履蹈艱難，固非一官一吏所能荷肩，亦非十人百人所能負載者。客商無多，則以土商代領；大戶有禁，則以義民殊稱，其實皆民也。夫民既同，不得不派以木夫。木價既少，不得不折以夫價，其實皆取之民也。督木之令，急如星火，民何敢漫于上供？染指之條，畏如罟穽。官亦不敢擅于科斂，欲求遠嫌遠謗，聽其私議。而木夫工食，有派至八九金者，有多至十四五金者，吏胥因而漁獵，奸猾肆其誅求。時蓋雞犬靡寧，追呼相望者，木夫就道，子婦啼號，畏死貪生，如赴湯火。黔、寧二廠，尤屬濱夷，獨是黎朽，全爲窄地。索橋競渡，節至淪亡，夷落勒錢，半爲焚劫，洗河既費，過渡更難。若非水漲龍行，定是百年難出。且嵐烟瘴地，面房一觸輒僵，溝壑委填，道途暴露，尸流水塞，積骨成山。其偷生而回者，又皆黄疸臃腫之夫，略似人形，半登鬼録矣。以一縣計，木夫死亡約近一千，則合省亡夫不下十萬。木夫工銀，每縣約近二萬，則合省夫銀不下二百萬。既以剝民脂膏，又以戕民壽命，遐邇痛哭，扼腕拊心。故曰採辦之苦，此一也……惟川省庫積久號豐盈，而近漸消耗，大木之銀可三百萬，多郡縣派加，而庫發者止十有二……至□三殿大木，懇將舊蓄楩、楠，搆造以壯皇居。俟播平十餘年後，瘡痍既起、元氣既充，方興採木之役。仍着令動支庫貯，不派民間；即派民間，亦必給商採買，萬勿驅民深入就死，如向日人財兩空。則四川赤子枯骨復生、倒懸立解，無不雀躍呼賀聖明，邊鄙無虞而廊廟有濟，臣不勝待命

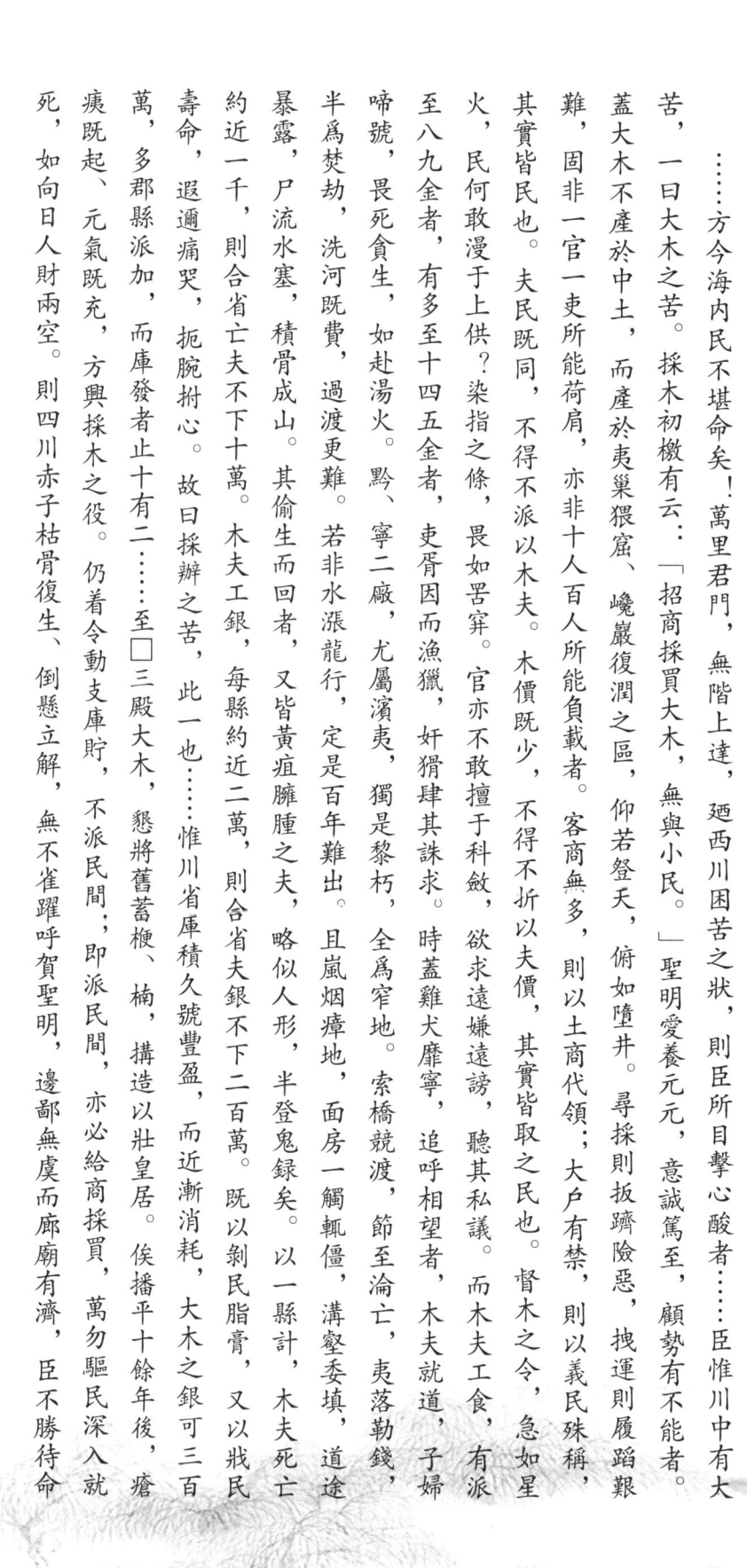

之至。[一]

王德完，字子醇，四川廣安人，萬曆十四年（一五八六）進士，直言敢諫，官至户部左侍郎。[二]王德完是作爲諫臣上奏勸止採木事，而趙南星（一五五〇—一六二七）則是從親任四川官員的角度説明採木之艱苦，其《蜀中採木記》（原注：代作）有言：

余承乏撫蜀，六載于兹矣……國家以殿闕頻災，興採木之役，則拮据無已時。夫木，非蜀産也，産於邊蜀之夷也。幽險僻絶，人迹不到之地，峥山淵谷之所隔閡也，炎霜古雪之所棲集也，虎豹之所不居也，蛇虺之所窟穴也，飛猱之所望而駭也，山精、木魅之所憑依也，毒烟苦霧之所霾也。如此者，不知幾千百年而後成大木。其上干霄，其圍横畝，雖驅鬼中而發殤宫，亦不能以取之。而以本朝之威命，使脆弱之小民，必欲其得之。前者僵而後屬，寡者熸而衆至。督者設機械，役者忘性命，弗得弗已。以此思之，不必身履其地，而小民艱難愁苦、萬死一生之情狀可知矣。蓋嘉定州守徐學周所著有《哀鳴録》焉。徐守蓋嘗躬履其地，仰無極之高，臨不測之深，以纍布爲梯，仍以縻其身，而縋之以上下，虞兩崖之觸，則求夷人執之，此亦危苦恐懼之極矣。而兼之瘴癘爲殃，往往隕命。官且若此，而況小民躬斫伐、曳運之勞者乎？徐守所稱「六難」，殆未足以盡之也，而讀之亦可以斷腸折心矣。嗟乎！均之民也，而蜀之民獨當此至危至苦之役；均之官也，而蜀之官獨以此至危至苦之役毒其民，又必不可以已……楊公賢者也，採木之事久遠，蜀人無知之者，余因爲記……[三]

[一] 吴亮：《萬曆疏鈔》（《續修四庫全書》本），卷八，《民瘼類》，頁四三八—四四一。此疏又載《（皇）明經世文編》，卷四四四，頁四八七六—四八七九。

[二] 王氏生平參《明史》，卷二三五，《列傳》一二三，《王德完》，頁六一三一—六一三四。

[三] 趙南星：《趙忠毅公集》（《四庫禁燬書叢刊》本），卷一二，頁三三三—三三四。此文又載《春明夢餘録》，卷四六，頁一〇〇一—一〇〇四及潘錫恩輯：《乾坤正氣集》（道光二十八年潘氏袁江節署求是齋刊光緒七年印本第六五—七三册），頁二三—二四。

趙南星此文，應是代喬璧星（一五五〇—一六一三）而作。喬氏爲北直隸臨城人，萬曆八年（一五八〇）進士，十年（一五八二）任河南中牟縣知縣，又曾任巡按山西御史，三十四年（一六〇六）入蜀理木政。[二]依趙南星文中所言，他亦曾「繪圖抗疏」，請停採木之舉。《（道光）遵義府志》引《四川通志》載萬曆三十五年巡撫喬璧星《兼督木》一文，有較詳細說明：

……今次採辦大木，通共二萬四千六百一根塊。查得萬歷【曆】二十四年估計規則，共約用銀三百六十三萬餘兩……所費不貲，僅完二運。若今次所派木枋數倍往額，而司庫積貯罄竭無遺。且川省自先年兵火之後，疊罹災荒，閭閻愁苦，物力凋耗……一應事宜，除督木道專任通行督理外，仍行七總各道，將分派木數轉行所屬府州。若何而選委能官，若何而招商採辦，若何而驗木給銀，若何而到江發運，一聽從長計議，隨宜處分，要在無拂商民之心而共濟公家之事，此最今日第一議也……自萬歷【曆】三十六年分起，至採運完日停止，凡招商採買、僱募運夫等項，即以前項銀兩支給，幷不許僉報殷實承買，亦不許編派運夫入山，是民間雖有一時加賦之苦，而較之先年官民俱擾、貧富幷累者，相去懸絕，或亦人情之所樂趨也。他如招商驗木、給價起運等項，尚有許多節湊、許多區處，通候司道議妥，至日另詳外，今將前議二款先行呈請，伏候本院裁奪。再照，今次派採大木數倍往額，且鴻巨異常，如一號楠、杉連四板枋，此等巨木世所罕有，即或間有一二，亦在夷方瘴癘之鄉、深山窮谷之內，尋求甚苦，伐運甚難……查得嘉靖二十六年間，以三殿採木，共木板一萬五千七百一十二根塊；萬歷【曆】二十四年，以兩宮採木，其五千六百根塊。以今日所派較之嘉靖年間，幾於一倍；較之二十四年，多至四倍矣。多積於官，固可以待用，而併取諸民，實力所不堪。職等竊謂額派之數宜減，部文派採，定爲三運，其頭運部文限三十六年以内到京，而門工巨材且限春運，計期已在眉睫間，而錢糧未措、商賈未集，合式之材，不

[二] 田文鏡、王士俊等監修，孫灝、顧棟高等編纂：《（雍正）河南通志》（《四庫全書》本），卷三三，《職官》四，《中牟縣》，頁二九下；儲大文、覺羅石麟等：《（雍正）山西通志》（《四庫全書》本），卷七九，《職官》七，《明》，頁四四下。

知其在山在水，非有神輸鬼運之術，何以卒辦？且川省去京極遠，奉文最遲。即水運之程，越歷江河，透迤萬里，由蜀抵京，恒以歲計，矧加以採伐挽運之繁乎？查萬歷【曆】二十四年奉文採木，至二十五年起解頭運，二十六年到京；二十七年起解二運，二十九年到京。今次木巨數多，尤爲不易，故職等竊謂運解之限宜寬也……今兹大役，約費四百餘萬金，而專責之一隅之物力，是即杯水車薪之喻耳。今查本省庫貯剩存及民間加派，爲數無多，不敷支用，此外惟有請發内帑、外省協濟而已……所謂寬一分而民受一分之賜，庶幾物力稍充而大工亦易舉矣（原注：《四川通志》）。[一]

是萬曆中所採木材又數倍於前。

明光宗（朱常洛，一五八二—一六二〇，一六二〇年八—九月在位）在東宫時，四川南充人黄輝爲講讀官，甚見親禮，且文名滿天下。[三]杜應芳編《補續全蜀藝文志》載黄輝《采木記》，於喬壁星尤其推許：

采木，國家鉅役也，費至重、力至勞，是天下之所無奈何而不可以已者也……大中丞聚垣喬公以丙午入蜀理木政者，六年于兹。痛鑒已事，九郡各簡一賢佐主之，而直隸州六，各主以刺史，召商采辦，民唯所號令焉。更念役重賦繁，公私困詘，會疏題請減派額、寬解限、議協濟、請内帑、設專道，皆報可。姑于民間照丁糧量加賦一年，此外毫無干預焉。初中丞鎮蜀……繪圖抗疏，備極忠懇。聖母、聖上洎宫中，咸爲閔惻……乃知上及聖母后宫之仁聖，雖高居九重，乃心罔不在赤子……又下令曰：「訪聞涪（州）、夔（州）間有附近亡賴，假託土商，詭故影射、欺官商在遠，私移斧記、改飾僞號，而串同守户別立契券。瞯有各處漂流巨材，輒圖姦騙，挽

[一] 黄樂之、平翰等修，鄭珍、莫友芝纂：《（道光）遵義府志》（臺北：成文出版社，一九六八年；《中國方志叢書》本），卷一八，頁三九七—三九九。

[二] 《（雍正）四川通志》，卷八，《人物》，《順慶府》載：「黄輝，南充人，字平倩，號慎軒，弱冠舉省元，由進士選入中祕。光宗在東宫，輝爲講讀官，啓沃調護甚見親禮。歷大司成後引疾歸，家居清素，一如寒士……文名動天下，尤精翰墨，海内多寶之，著有《鐵庵集》八十卷、《平倩逸稿》三十六卷。」（頁六四下）

詞諢誺，官商多被挾誣，訟端閃爍，難可立斷，遷延時日。徼幸計得，官商横遭局騙，因之誤事，貽害無窮。自今敢有舞智行私、作姦犯科者，司道究遣，法無貫。」申飭再四，而亡賴之徒奉法唯謹。于是上下一心，萬衆饗應……（中丞）博考前事，罔不以民采者，大户義民，隨意僉報；編夫派米，需索津貼，剥膚椎髓，民不聊生，白骨枕藉。自李直指方麓公（維楨）首倡官采之議，僉曰然。中丞按部檄，毅然以官采從事，蓋二百四十餘年所未有也，而奉行自中丞始。是役也，派木至二萬四千六百有奇，價至四百萬而僅加一歲賦，仗國家威德，幸告竣事，皆中丞之大有造于三巴也……先是嘉州守徐學周目擊采運之苦，著《采木哀鳴録》，款列凡六難。中丞公讀而傷之，曰：「險阻艱難，誰親于其身嘗之者，誠嘗之。雖曰百難，可也。」故木政雖督厲勤至，而撫綏愛養殆不遺力云……若喬中丞者，可謂高出千古矣！[一]

前引趙南星、黄輝文中均提及徐學周，徐氏字尚文，海鹽人，舉人，曾任州府同知，特旨授奉直大夫，著有《採運條議》一卷。[三]徐氏爲民請命、備言採木之害，高攀龍（一五六二—一六二六）認爲代表一種經世濟民的態度：

夫徐公偃蹇一第，官不過郡佐，僻在川徼。會天子興大工，需蜀材，督有司至逮七縣令。徐公慨然以身徇事，入虎豹之穴、蠻夷不測之境，鳩役而役從、諭夷而夷化、求木而木得。陸也，神佐之開山；水也，龍佐之時雨，事克以濟。公又爲天下後世之慮，陳「六難」「三易」之説，破百年之拘攣，貽無窮之利澤。凡徐公所居，皆世所謂不能一日有爲，而徐公所爲，皆世所謂張皇錯愕，以爲必不可爲者也。是果官之拘人，人之不能盡其官耶？夫事不身歷，則無真知；不真知，則其誠不能動人。一木也，民出萬死以得之，當事者視之，曾不足以當枯

[一] 杜應芳、胡承詔輯：《補續全蜀藝文志》（《續修四庫全書》本），卷三二，《碑記》，頁三三二—三三四。《（雍正）四川通志》，卷四二，《藝文》，頁八一上—八二下亦載録此文。

[二] 《（雍正）四川通志》，卷三〇，《職官·僉事·直隸嘉定州·明》，頁八三下、《（雍正）浙江通志》，卷二四四，《時務》，頁四一五七、《廣東通志》，卷二七，《職官二·明》，頁一〇二上；黄洪憲《碧山學士集》（《四庫禁燬書叢刊》本），《别集》卷四，《四川嘉定州知州徐學周》，頁五六六。

稿。執成式則刻於分寸，核定費則嚴於錙銖，視民之命，亦曾不足以當枯稿，果斯人之不仁至此哉！下莫以告而上不知也，宜公言之而上下響應矣。匪獨木，天下之事皆然。嗚呼，上之人以爲易，而下莫敢以難之説進；上之人以爲難，而下莫敢以易之説進，無怪天下之事，日入於難也！[一]

高攀龍強調「事不身歷，則無真知」，正好點出由採運木材官員上奏，影響力較大，更易爲君上所接受。

[一] 高攀龍撰，陳龍正訂次：《高子遺書》（崇禎間刻本，美國國會圖書館攝製北平圖書館善本書膠片），卷九上，《重刊採運條議序》，頁三〇上—三一上。

《西槎彙草》卷之二

議處接濟解運劄子

蜀道險阻，視天下不啻幾倍。故採運之難，惟蜀爲最。夷山堙谷、吊厓駕橋，崎嶇萬狀，方克至於小河。比至小河，必俟春夏水漲，方可運赴大江。事有漸次，工難卒成。使今歲不爲《採運之圖》，又何以望明年春夏之水？即今錢糧缺乏，接濟無從，空文號召，雖切何補？向嘗申請准以陝西、直隸協濟，殊聞二處皆荒，自救不暇，以西江之水救涸轍之鮒，且猶病其緩不及事，而又況西江之水亦既自竭，萬無可望之理哉！此錢糧之議處，在所當急者也。至於解運一事，往往自分彼此，耽延遲誤，縱使差官護送，不過文具而已，竟亦何裨？輝嘗有見於接應之夫，雖奉勑大臣不可卒得。至於州縣卑屬，一有所往，翕然景從，此豈大臣之威望顧不若州縣之卑屬哉，其相臨與否之勢則使之然，無足怪者。查得沿河一帶，俱有親臨憲臣。誠使督理其事，則不惟威令易行，而且責任有歸，道里之遠近一定，爲日之遲速可稽。雖欲不疾，其可得乎？妄見若此，誠不自知其迂謬也。下情無任戰慄恐懼之至，伏惟臺鑒。

懇乞停免劄子

貴州木植，雖分二路，東路則取諸各府所產，而西路止二郿衛，且倚辦於邊蜀之夷，水險山峻，商販罕通。以故正德時採取涉歷八年，而所得僅盈五十，官軍死亡不下數百，鬻妻賣子，尅糧償值，其爲害有不可勝言者。至嘉靖則曾無一木充數，驗今稽昔，萬無可冀之理。即欲通融東路，盈庭聚議，殆且閱月，蓋思石以蜀寇告勞，銅鎮以兵荒告棘，[二]束手無策，止於空文相答。輝自惟不才，最出人下。承乏以來，感激思奮，親犯瘴霧，深入虎狼之穴，履險蹈危，不敢自愛自逸者，亦區區冀尺寸之獲，以仰答明旨。事不副心，竟成狼狽，乃敢附名具進。奉使無狀，罪不敢

[一]據《明史》，卷四六，《志》二二，《地理》七，《貴州》載：「思州府（原注：元思州宣慰司），永樂十一年二月改爲府，屬貴州布政司。領長官司四。西距布政司七百五十里。」又「銅仁府，本思州宣慰司地。永樂十一年二月置銅仁府。領縣一，長官司五，西南距布政司七百七十里。」（頁一二一〇及一二一二）

逃，惴惴然惟有幸任使、貽慚部司是懼，下情不勝戰慄悚息，伏祈鈞照。

星變陳言劄子［一］

輝繆膺任使，上承天子之命，合鎮巡守土之官，驅役下民，宜若無不可者，以今言之，則大不然。何者？惟人可以集事，惟財可以聚人。蜀自頻年以來，兵荒相仍，帑藏俱竭，總括例銀，殆不及十分之一。祇以空文召募，其難一也。曾未十年，採取者三，雖一暮十圍，其如民力之既竭何？其難二也。峭崖絶壁，道路不通，徒恃人力，以奪天險，其難三也。視昔所得，今且數倍之矣，希濶盛事，後難爲繼，兼之才力綿薄，且山澤之民俱瘦，不堪重困。乘不可繼之後，加之難於爲力之秋，以綿薄之才，而驅不堪重困之民，非直不能，亦不忍也。謹採履歷大凡，冒昧繪圖，隨疏上進，仰惟照察。

［解說］

三篇《劄子》各有寫作重點，撰寫時間應先後有別。《議處接濟解運劄子》首言蜀道險阻，採運大木之工難以卒成，籌集錢糧實爲急務。至於解運大木，應以專派大員督理其事。《懇乞停免劄子》言貴州西路水險山峻，正德（一五〇六—一五二一）間採木之舉涉歷八載僅得五十餘株，而官軍死亡不下數百，亦有因採運失利致鬻妻賣子、尅糧償值。東路則以寇盜兵荒告急，地方官止於空文相答。龔輝自言雖親犯瘴霧採木仍難以足數，故有停免之請。《星變陳言劄子》言採木之難有三：頻年兵荒，帑藏俱竭；未足十年而三次採木，民力枯竭；峭崖絶壁，天險難奪。龔輝強調「驅不堪重困之民，非直不能，亦不忍也。」《星變陳言劄子》文末提到「冒昧繪圖，隨疏上進」，是劄子與《採運之圖》《採運圖前・後說》及另草之疏文一併進呈。呂本的《墓志銘》提及「其疏若圖采入《經濟録》」，查

［一］《明世宗實録》，卷一四一，嘉靖十一年八月辛卯條載：「輔臣張孚敬以星變自陳乞罷」（頁三二九二）。

萬表（一四九八—一五五六）所編《皇明經濟文録》（嘉靖刻本）及黄訓（嘉靖八年進士）所編《（皇明）名臣經濟録》均有收録龔氏《應詔陳言蘇民困以弭天變事》一疏，前書所收爲删改本，後書所載始爲足本。[一]此《疏》爲串連《採運圖前・後説》及三篇劄子的軸心，具有重要意義，現引録原文足本如下：

題爲《應詔陳言蘇民困以弭天變事》。奉本部劄付，該貴州道監察御史郭弘化題：[二]該本部查議，内開「合候命下之日，一面通行原差買木、燒瓴郎中等官張淑、龔輝、劉悌、張問之等，[三]各查原派木板若干、瓴料若干，曾經採買、燒造，已完若干、未完若干，各以三分爲率。果勾二分，其餘一分未完，即行停免。差去各官，務將已完瓴木，督同各該司府等官，選差的當官員，支給雇覓水手，並水陸車船盤費，押發起運，方許回京。先將起運過數目，星馳奏報。」等因。題奉欽依，備劄到臣，奉「此案照先該臣欽勑：『兹以營建仁壽宮及先蠶壇殿，命爾前去四川地方並貴州西路，收買楠、杉大木。爾可會同彼處鎮、巡官，選委司府佐貳官員，動

[一] 萬表《皇明經濟文録》爲嘉靖刻本，卷一六，《工部》，頁三七—三九載録此文。黄訓五十三卷本《（皇明）名臣經濟録》約刊刻於嘉靖三十年（一五五一），卷四八，《工部・營繕》載《星變陳言疏・龔輝》，《四庫全書》本以此本爲底本。《（皇明）名臣經濟録》另有明人陳九德删改本（有臺灣學生書局本影印本），共十八卷，約刊於嘉靖二十年（一五四一），未收録龔輝此疏。《皇明經濟文録》的重要史料來源之一就是《（皇明）名臣經濟録》，參張麟南：《萬表與〈皇明經濟文録〉》，《常州大學學報（社會科學版）》，一四卷二期（二〇一三年三月），頁六八—七〇。

[二] 據《明史》，卷二〇七，《列傳》九五，郭弘化字子弼，安福人，嘉靖二年進士（頁五四七二）。鄂爾泰等修，靖道謨、杜詮纂：《（乾隆）貴州通志》（《四庫全書》本），卷一〇，《營建》載：「申公祠（原注：在府城内西隅，祀郡人申祐，明嘉靖十年巡按郭弘化以祐殉土木難，特題建祠。）」（頁一一下）

[三] 沈家本、榮銓修，徐宗亮、蔡啓盛纂：《（光緒）重修天津府志》（《中國海疆舊方志》本），卷四二，《傳》四，《人物》二載：「張問之，字子審，慶雲人，嘉靖（原注：壬午舉人）癸未進士。初授行人，轉司副，嘗上疏諫章聖皇太后尊號，見《明倫大典》。旋轉工部員外，遷郎中。奉命督造蘇州府花磚工料。廉以律己、嚴以緝下。工成，力陳燒造艱辛，并繪爲圖書貼説以進。上嘉之，酌增磚價，窑民獲安，爲立德政碑，見崑山盧楩《記》。後督建九廟，皆有績，當上意，擢湖廣參議，轉四川按察司副使整飭威（州）、茂（州）等處。簡練士馬、聯絡堠墩、斬龍洞諸羌數百人，上賜金帛以旌其功（原注：《縣志》）。逾三年，乞歸，又逾年，以疾卒（原注：知縣張寵撰《墓志》。案，祀鄉賢，前《志》未備。）」（頁三六九四）

支應解本部銀兩，照數收買。或諭土官進貢，或照事例召商，作急起運赴京，以濟急用。務要多方訪求，從長計處。木必擇其圍長合式、堅實不空，價必定擬兩平，不致虧官損民，以致僉解、委官、押運等項事宜，一一議處，務令停當。承委官員，中間果有盡心所事、得木數多、地方不擾者，具奏旌擢；違慢沮撓、推托誤事、不服調度者，五品以上官參奏處治，六品以下徑自提問。各該地方，敢有官豪勢要，並貪利之徒包攬害人者，聽爾處治禁革，不許寬縱，有妨大事，其餘俱照該部題准事理施行。爾爲部屬，受茲任使，宜持廉秉公、著實幹辦、安静行事。務使木以時至，而工不遲誤；價從官辦，而民不怨嗟，斯爲爾能。如或處置乖方、事誤民怨，責有所歸，爾其欽承之，故勅。欽此欽遵。』」並奉本部劄付《爲營建宫殿事》，内開：「會同鎮、巡等官，先行選委素有才力守、巡等官各一員，分定某官於某處收買，仍各奏疏知，不許别項差委。各官各照分定地方住劄，專一督同府、衛、州、縣掌印等官，查照先年事體，召商差人，多方訪求，從長計處，照數收買。運各水次，每月近則三次，遠則二次，開報郎中，處驗勘合式及無空腐，隨便印記編號。定委能幹府、州佐貳官員，陸續解運接濟。鎮、巡、郎中等官，每三個月將買過木植數目、日期奏報。遇有二號以上大木，並圍圓六尺以下中材，截長補短，堅實可用者，折數充解。」等因。計開：「四川布政司收買三號楠木五千根，各長四丈五尺至四丈，徑三尺五寸至三尺。三號杉木一千五百根，各長四丈五尺至四丈，徑二尺五寸至二尺。四號杉木一千五百根，各長五丈至四丈五尺，徑二尺至一尺七寸。楠、杉木連二板枋，各二千五百塊。杉木單料板枋一千五百塊。栢木一百二十根，各長三丈，徑三尺。柚木一百五十根，各長三丈，徑二尺五寸。貴州布政司西路收買三號楠木五百根，各長四丈五尺至四丈，徑三尺五寸至三尺。三號杉木五百根，各長四丈五尺至四丈，徑二尺五寸至二尺。四號杉木五百根，各長五丈至四丈五尺，徑二尺至一尺七寸。楠、杉木連貳板枋各五百塊，杉木單料板枋五百塊。栢木三十根，各長三丈，徑三尺。柚木五十根，各長三丈，徑二尺五寸。」備劄到臣，已經會行四川、貴州都、布、按三司各掌印官，查議應行事宜，並委司、府佐貳、督木官員職名。及查見在買木銀兩不敷支用，乞要開例納銀，並請内帑銀兩接濟等項。及據四川布政司經歷司呈報：「償完上年楠、杉大木一千三百三十八根，板枋三百八十五塊，於嘉靖九年十月十五日，差委重慶府衛同知趙淮、知事王經綸、劍州判官楊著、黔江縣主簿戈璟領解赴京交納」各緣由，前來會本具題外，又奉本部劄付「爲傳奉事」，計開「四川收買楠木七十五根，各長四丈五尺至三丈五尺，徑二尺五寸至二尺。杉木二百五十根，各長四丈至三丈五尺，徑一尺五寸至一尺二寸。楠木連貳板枋九十塊，連三板枋二十八塊。杉木連二板枋六十塊，單料板枋五十五塊」備劄到臣。又經案行四川布政司，派屬買補呈報類解。又奉本部劄付「該本部題：除請給内帑，查無舊例借取。惟開納各項，事例相應舉行。内開陝西布政司並盧（州）、鳳（陽）、淮（安）、揚（州）等府開納事例，銀兩協濟四川買木」等因，題奉欽依，備劄到臣。俱經會行四川布政司，通行所屬召納，及差官分投催解接濟。去後，續該四川布、按二司、督木左參議何鰲、僉事李文忠，各陸續呈報買完堪解大木、板枋數目前來。已於嘉靖十年十一月十八日，差委夔州府通判黄圖，宜賓、昭化二縣主簿劉秉、俞傑，領解楠、杉大木七百一十七根、板枋四百三十塊。嘉靖十一年六月二十二日，差委重慶府通判潘雍，富順、銅梁二縣主簿馬總、王九臯，領解楠、杉、栢木七百六十一根、板枋八百六十六塊。本年十二月十一日，差委嘉定州同知姚廷用，江安、大昌二縣主簿許侃、于龍，領解楠、杉、栢木一千一十六根、板枋四百七十八塊，連前趙淮等領運，共四次，實解過楠、杉、栢木三千八百三十二根、板枋二千一百五十九塊，俱經各起具數會題。除貴州布政司已經奏有「欽依，案行該省，欽遵施行」外，臣復親詣各該買木衙門，往來督併。節據敘州等府木商周洪川等訴稱：「先年採木唇齒之下，今次採木俱在深山曠野、懸崖絶澗、人跡罕到之處。洪川等各領官銀不一，雇募夫米不等，各於烏蒙、忙部、馬湖等處採運，每廠用夫不下三五百名，每月食米不下百十餘石。振架天橋，勞苦萬端，方得一木出水。先次取木八千，因是接濟遷延，故使累年未結。今次取木尤多，二年不能一濟，何以得完？」等情。又經備行四川布政司通查庫銀，解發接濟。隨據該司經歷司呈奉本司劄付：「奉撫、按衙門案驗，據接管承行典吏張宣、庫吏徐翱吊到卷簿，查得本省原議買木減用價銀共七十一萬六千七百三十八兩。先該本司致仕左布政使徐鈺查報本司，廣濟庫貯，先次大木支剩及順慶、敘、雅三處，解到夔州、嘉定二處，解司未收，發回原買木銀，並嘉靖元年起至九年止各州縣解到工部料價等項銀兩，共一十四萬一千五百四十六兩九錢五分九厘六毫有零。續因放支不敷，呈允撫、按衙門，借支庫貯户、禮二部並南京工部料銀五萬九十四兩。督木何參議呈借本司解發重慶府軍餉銀一萬兩，督木李僉事呈借重慶府賞功銀二千四百一十九兩一錢二分七厘五毫，共銀二十萬四千六十兩八分七厘五毫。嘉靖十年七月起，本省開例續收，並陝西、盧、鳳、淮、陽【揚】、兩淮都轉鹽運使司等處解到例銀，及保寧府解還借過大木銀兩，共四萬二千二百五十六兩八錢九厘七毫七絲七忽。以上通共銀二十四萬六千三百一十六兩八錢九分六厘八毫七絲七忽，尚少四十七萬四百二十一兩有零。該本司左右布政使侯位、劉淑相會同按察使楊淳、署都指揮僉事余承恩看議得：[一] 除收支前項銀兩外，近蒙督木工部郎中龔案驗，奉本部劄付，動支司庫贓罰缺官柴薪銀兩共一萬六千八百四十九兩六錢七分五厘八毫，通共止有二十六萬三千一百六十六兩五錢，尚少銀四十五萬三千五百七十一兩三錢有零。及查司庫鹽、糧二價，僅足備邊，茶價備賞貢番。況原開各項事例，已經年終停止，再無別項儲積。又查得往來採買大木，俱有借支料價贓罰之例。今司庫止有收貯户、禮二部並南京工部料價，自嘉靖五年起至嘉靖十一年六月終止，所屬陸續解到銀三萬九千二百五十三兩三分六厘六毫四絲七忽四微，並先前支剩各部料價銀四萬六千三百八十九兩，共八萬五千六百四十二兩，及所屬府州縣庫貯嘉靖八年、九年、十年分儲積贓罰金六十七兩五錢九分六厘、銀九萬一千七百一十一兩有零。請降明旨，動支給商，方克濟事」等因，到臣。今奉前因，行據敘州等府，備將各商採木山場履歷事宜，申送前來。委果山川險惡，蠻煙瘴雨之所毒害，虎狼蛇虺之所傷殘，係於民命數多，誠可流涕。臣會同巡撫四川等處都察院右副都御史宋、巡按四川監察御史朱議得：[二] 營建大木，乃皇上仁孝至情及修復古制，以一新天下耳目，敢不竭力盡心？但四川僻處一隅，非若

[一]《明世宗實録》，卷一三八，嘉靖十一年五月己未條載：「陞四川按察使劉淑相爲本布政使司右布政使」（頁三二四四），又卷一五二，嘉靖十二年七月丙午條載：「陞四川右布政使劉淑相爲廣西左布政使」（頁三四五七）。

[二] 宋、朱二人當指宋滄（一四八三—一五三三）與朱廷立（一四九二—一五六六）。《明世宗實録》，卷一一四，嘉靖九年六月壬戌條載：「陞通政使司左通政宋滄爲都察院右僉都御史巡撫四川等處地方。」（頁二六九八）同書卷一二九，嘉靖十年八月壬寅條

他省商販湊集。今名雖召商，實皆土民，給領官銀，入山拖運。正德以來，節奉採取相近水次木植，砍伐罄盡。今次採運，俱在深山窮谷、人跡不到之處，吊崖懸橋，艱難萬倍。比至溪澗，必待夏秋洪水泛漲，方抵大江。使夏秋無水，雖竭力殫財，窮年歷歲，必不可得。查得永樂初年，勑差尚書宋禮等到蜀採取大木，[一]踰尋丈許者僅得數株，然猶以爲賴山川之靈，立祠歲祀，以彰殊異。嘉靖六年，又該工部侍郎黄奉勑前來四川，[二]督買楠、杉、栢木八千一百三十五根、板枋六千七百一十塊。兩年以上，止得大木五百根、板枋五百塊起解。隨該廷臣建議，以爲勞民傷財，即行停止。今甫及二年，共解過木、板五千九百九十一根塊，率皆梁棟美材，踰尋丈許者不下五百根數，此豈人力所能，實由皇上聖德格天，雨澤時降，山川協靈，草木協用。故自昔所不可得之材，

載以四川白單番平，議上諸臣功罪，言巡撫都御史朱滄、巡按御史熊爵，鎮守太監蕭通督率調度之功居最，詔滄、爵各賜白金三十兩、紵絲三表裏（頁三〇七五）。又同書卷一五一，嘉靖十二年六月庚辰條載宋滄引疾乞休，途中病劇，卒於湖廣蘄州府（頁三四四六—三四四七）。又《國朝列卿紀》，卷一一三，《四川巡撫行實》載：「宋滄……（嘉靖）九年，陞都察院左僉都御史巡撫四川兼督木。十年，陞右副都御史，仍前任。十二年卒於官。」（頁七五六）同書，卷七六，《朱廷立》載：「朱廷立，字子禮，通山人，嘉靖癸未進士。授諸暨縣令，拜河南道御史，在道激揚達體，嘗陳《城朔方》《足兵食》二議。己丑（八年）巡兩淮鹽政，作《商誡》九以諭商、《御史誡》九以自厲，又條陳鹽法宜行事，鹽遂通，課益昔百七十餘萬。辛卯（十年）巡按順天，時元宰濁政，立抗疏論列，人爲之吐舌。又條陳六事，切中時病，一時無不歛手以避者。壬辰（十一年）巡按四川，首疏停採木之役，民獲更生。」（頁五一三—五一四）

[一]王世貞撰，魏連科點校：《弇山堂別集》（北京：中書書局，一九八五年），卷五一載：「宋禮，河南永寧人……（永樂）四年出四川採木，七年事竣還京，九年出濬會通河，十年再命督木四川兼巡撫，十七年勑取回京，二十年卒。」（頁九六一）

[二]《明世宗實録》，卷一〇二，嘉靖八年六月庚辰條載：「罷兵部右侍郎黄衷。初衷以工部侍郎督木湖廣，事竣回籍……」（頁二四一〇—二四一一）《國朝列卿紀》，卷一一三，《勑使四川行實》載：「黄衷，字□□（按：當作「子和」），廣東廣州府南海縣人，弘治丙辰進士。十二年，除南京戶部河南司主事；十六年，丁憂。正德元年，補南京戶部山東司；二年，陞河南司員外郎，本年丁憂。五年，補南京兵部武選司，本年陞南京禮部儀制司郎中，尋改南京兵部武選司。六年，改南京吏部考功司，本年陞湖州府知府。九年，陞福建運使，十一年陞廣西右參政，十六年陞雲南右布政使。嘉靖二年，陞左布政使。三年，陞都察院右副都御史巡撫雲南地方。四年，改撫湖廣。六年，陞工部右侍郎兼左僉都御史督木四川。七年，致仕。」（頁七四九—七五〇）

一時盡出，雖蜀中父老，以爲目所未見，懽聲動地，相慶更生。而臣等亦仰賴聖德之休，自以爲可少逭不職之罪，正欲俯順下情，具奏定奪。今若必欲務足二分之數，則更生之喜，且復囂然喪其樂生之心矣。何者？雨澤由天，僥倖難再。似此曠世奇絶之遇，似不可以復得，況該省連年兵荒相仍，民窮財盡，遠近徬徨，朝不謀夕，公私俱竭，將何取辦？徒坐困一方之民而已。且天下之事有緩有急，而民生休戚，係國家安危理亂之機。竊計郊壇蠶室，漸次落成，其仁壽一宫，當亦無幾。解過木植，亦足應用。兵革之禍，止於一方。且或出於不得已者，聖人猶慎用之，重民命也。土木興作，派及天下。使前項宫殿財用既敷，而徒以紛紛不急之故，上困公家，下敝萬民，是猶廢日用飲食之養以侈冠裳之飾，儀觀雖美，元氣恐竭，固不待有識者亦爲之寒心矣。臣等觀漢文帝欲作露臺，其費百金，以爲中人十家之產，遂止不爲，[一]古今以爲美談。臣等又見邸報，該講官吴惠進講，節蒙聖諭輔臣李時等曰：「省無益之費、停不已之役，令其所將指者，開陳以救時務急。」[二]臣等稽首，仰而歎曰：「聖天子明見萬里，無益之費，無過磚木；不已之役，無過營造。我皇上聖學之功、仁民之念，一至於此，真與唐堯、夏禹儉德相同，而漢文又不足言矣。海隅蒼生，亦復何幸？臣敢倣鄭俠故事，繪圖隨進。[三]伏望陛下軫念民

[一]司馬遷撰，裴駰集解，司馬貞索隱，張守節正義：《史記》（北京：中華書局，一九五九年），卷一〇，《孝文本紀》載：「孝文帝從代來，即位二十三年，宫室苑囿狗馬服御無所增益，有不便，輒弛以利民。嘗欲作露臺，召匠計之，直百金。上曰：『百金中民十家之產，吾奉先帝宫室，常恐羞之，何以臺爲？』」（頁四三三）

[二]《明世宗實録》，卷一四二，嘉靖十一年九月丁巳條載：「是日講官侍讀學士吴惠、郭維藩進講。既退，上諭輔臣李時等曰：『講官惠言省無益之費、停得已之役。維藩言去操切更張之弊，務惇厚博大之體者云何？卿等以朕意問之。有可補捄時宜者，令條列以對。』於是惠疏言：『方今民窮財竭，而宫殿興作不已。採木燒磚，大爲川、廣、蘇、常之患，此宜停罷。各省歲辦物料，宜勑有司准以折色解京，從宜置辦，毋使民困於徵解之苦，此宜節省……』疏上，各報聞。二臣頗有所指切，上亦不罪也。」（頁三三〇三—三三〇五）

[三]脱脱等：《宋史》（北京：中華書局，一九七七年），卷三二一，《列傳》八〇，《鄭俠傳》載：「自熙寧六年七月不雨，至於七年之三月，人無生意。東北流民，每風沙霾曀，扶攜塞道，羸瘠愁苦，身無完衣。並城民買麻糝麥麩，合米爲糜，或茹木實草根，至身被鎖械，而負瓦楬木，賣以償官，累累不絶。俠知（王）安石不可諫，悉繪所見爲圖……發馬遞上之銀臺司。其略云：『去年

生困苦、採運艱難，合無通查各廠堆放，並今各省買完起解未到木植數目，約算有無，足彀應用。其一應各衙門修造，不急之務，俟民生少甦、財用少給，然後徐爲之處，將未完之數暫行停止。再照，善經理者，更政而政愈行；善使民者，勞民而民不怨，亦惟在不失民信、不拂民情而已。前項已解大木，因無接濟錢糧，尚未得領，前價商人，日夜懸望，以需補給。又有已領價銀三分之一，見在追併。砍伐在山，將至水次者，若一概追銀還官，棄其木則可惜，轉相責則無主。往年拖欠木銀，至今未完，可監。仍將前項料銀贓罰，准其照例借支補給，以全民信。此後欠木，商人有木則委官驗量，陸續起解；無木則照舊追銀，盡數還官，以順民情，似爲官民兩便。情、法無失，大工以成，地方攸賴，財無不給之虞，民有更生之樂矣。如蒙乞勑該部，再加查議，以俟遵行，惟復別有定奪。緣係《應詔陳言以蘇民困以弭天變事理》，爲此具本，專差承差劉徵親賫，謹題請旨。[二]

疏文中段提到嘉靖十一年十二月事，則草疏當不早於此。末段引日講官吴惠、郭維藩（正德六年進士）進講，既退而世宗諭李時（一四七一—一五三八），事在嘉靖十一年九月丁巳。翌月，《實録》載：

先是御史郭弘化疏言：「按《天文志》，井居東方，其宿爲木。頃者彗出於井，必土木繁興所致。臣聞四川、湖廣、貴州之採大木者，江西、浙江之採杉木者，山西、真定等府之採雜木者，勞頓萬狀。應天、蘇、松、常、鎮五府，又以成造大甎，民間耗費不貲，而窯户之逃竄過半矣。至于廣東，以珠池之役，激窮民爲盗，攻劫屠戮，逼近會省，凡此皆有戾天和、上干星變者也。請停不急之工，罷採木、採珠之令，則彗滅而前星耀矣。」

大蝗，秋冬亢旱，麥苗焦枯，五種不入，群情懼死；方春斬伐，竭澤而漁，草木魚鱉，亦莫生遂。災患之來，莫之或禦。願陛下開倉廩，賑貧乏，取有司掊克不道之政，一切罷去。冀下召和氣，上應天心，延萬姓垂死之命……竊聞南征北伐者，皆以其勝捷之勢、山川之形，爲圖來獻，料無一人以天下之民質妻鬻子，斬桑壞舍，流離逃散，遑遑不給之狀上聞者。臣謹以逐日所見，繪成一圖，但經眼目，已可涕泣。而況有甚於此者乎……』疏奏，（宋）神宗反覆觀圖，長吁數四……翌日，命開封體放免行錢，三司察市易，司農發常平倉，三衛具熙河所用兵，諸路上民物流散之故。青苗、免役權息追呼，方田、保甲並罷，凡十有八事。民間歡叫相賀……輔臣入賀，帝示以俠所進圖狀，且責之，皆再拜謝。」（頁一〇四三五—一〇四三六）

[二]《名臣經濟録》（《四庫全書》本），卷四八，《工部·營繕》，《星變陳言疏·龔輝》，頁四四三—四四四。

章下，户部尚書許瓚等言：「近以工興，採木、燒造之役半天下，且五年間凡三採珠，物力易屈、民困日深，弘化言宜聽。」上怒……責弘化對狀，黜爲民，詔吏部錮勿用。[二]

郭弘化就是龔《疏》開首提到的「貴州道監察御史」，龔《疏》上而採木之役停，郭氏進諫應在前此或同時。這篇疏文有助於理解劄子與圖説的内容。首先，依時間先後排列，最先應爲《懇乞停免劄子》，次爲《議處接濟解運劄子》，最後爲《星變陳言劄子》。因貴州西路無木可採，故乞停免；嗣因四川採買大木、板枋已解而庫銀不足，接濟遷延，故議處接濟解運之法；最後引邸報載星變後君臣對答以爲上疏張本。其次，《議處接濟解運劄子》所言「請准以陝西、直隸協濟」，疏文「内開陝西布政司並廬、鳳、淮、揚等府開納事例」等句更能清楚説明；而《採運圖後説》提到的採買地區，疏文亦有具體注明部分省府縣地名，可加參證。

嘉靖年間採辦大木，早始於世宗即位之初，因對邊地官民造成極重負擔，曾屢經大臣勸諫。《明世宗實録》嘉靖四年（一五二五）八月戊子條載：

工部會廷臣議：「營建仁壽宫，工役重大。今世廟大工方興，四川、湖廣、貴州山林空竭，海内在在災傷。材木料價，採徵甚難，請發内帑及借户部鈔關、兵部馬價、工部料價各銀兩。查取兩京各庫顔料，各抽分廠木植及司府無礙官銀，又開納事例以佐其費。候世廟工完，推簡有才力大臣，爲之總理。仍選部屬三人，分行四川、湖廣、貴州募求大木，其磚料於京城近地及蘇州定價燒造。」上曰：「仁壽宫以奉皇伯母昭皇后太后，毋候世廟工完。其亟推總理大臣遣官採辦燒造，内帑京庫銀料毋發，他如議行。」已而升巡撫四川右副都御史王軏爲工部右侍郎兼右僉都御史，總理收買大木。[三]

至嘉靖十一年，翰林院編修楊名（一五〇五—一五五九）亦因星變上疏，言嘉靖帝：「工作屢興，財力並竭。採

[二]《明世宗實録》，卷一四三，嘉靖十一年十月丙申條，頁三三三七—三三三八。

[三]《明世宗實録》，卷五四，頁一三二七—一三二八。

運木植、燒造塼瓦、裝載灰石，所至騷然。民無寧日，則閭閻之下，諮嗟愁歎以干天和者，亦豈少乎？」[一]

至嘉靖十九年，督工尚書甘爲霖又上言：

嘉靖八年工興以來，節派各省採買木料，前後報完，若郊廟、奉先等殿、慈寧宮、景陽宮、社稷壇、本思殿等，工俱足用。續建慈寧宮一號等殿、皇穹宇、西苑、仁壽宮、七陵壽宮龍鳳船及沙河行宮承天府借留等項，自今計之，工似垂成，木亦足用，乞停採運以自民困。所在官司事體不一，有既採未運者，有領運未行及已行未到者，有稱中途漂流者，有稱驗收未中者，有預銀於官而不交木植者，有先招商貨買而未領銀者，乞行清查以息弊端。[二]

工部議覆，世宗納其言。至嘉靖二十四年七月壬戌，是日世宗頒詔天下，文中有云：

一，湖廣、川、貴採運廟建大木，官商預領銀兩。除侵欺嚴追外，其有阻險出遲，致擬重罪追價者，工部通行三省撫、按官，坐委守、巡，逐一體驗丈量。果係堪用木植，足抵原領官銀，責令運至水次，准與紀收。申部行文，類總解京備用，仍與分豁原罪。[三]

知悉上述的歷史背景，有助於理解《西槎彙草》卷二所載以下詩歌背後所含有的政治意義。

[一]《明世宗實録》，卷一四三，嘉靖十一年十月甲申條，頁三三二八。
[二]《明世宗實録》，卷二三六，嘉靖十九年四月癸未條，頁四八二四。
[三]《明世宗實録》，卷三〇一，頁五七一九。

贈熊雲夢平真詩序[一]

真寇爲東南患殆且十年，[二]大梁雲夢熊子持節按蜀，[三]喟然嘆曰：「朝廷設官，凡所以爲民也。民出力以食其上，而上顧不知所以爲民，人其謂何？」乃謀諸撫臺，下令徵兵，一鼓而擒之，遂用底寧。四明山人龔子以使蜀，與有深喜，舉酒酹地，進父老而賀曰：「今兹之舉，樂乎？」對曰：「兹所以重吾困也，惡乎樂？方今工役繁興，徵材是急，吾民方且疲於奔命，委壑填谿者，蓋邑無虚室焉，此其患殆有甚者。往歲芒警，[四]前侍御公援以上聞，幸而報

[一]熊雲夢即熊爵。《補續全蜀藝文志》，卷五五，《巖字石刻譜》載：「淩雲寺山麓有〈唐放生碑〉『揖峩岩』三字，爲御史大梁熊爵書……『九龍灘』三字亦熊爵書。」（頁六四八）大梁即開封，明人曹金：《（萬曆）開封府志》（濟南：齊魯書社，二〇〇一年；《四庫全書存目叢書補編》本），卷一二，《科目·正德丙子科》載：「熊爵（原注：祥符人，辛巳進士，御史。）」（頁五九三）。賈漢復、彭有義、劉源濬總裁，張俊哲、張壯行、馬士騭纂定：《（順治）祥符縣志》（天津：天津古籍出版社，一九八九年；《天津圖書館藏稀見方志叢刊》本），卷五，《人物》：「熊爵，字獻子，正德辛巳進士。授寧津知縣，以治行卓異，擢監察御史，風裁自持，彈劾不避權貴。世廟時，夏言方貴幸，以吏科都給事中兼翰林院侍讀。都察院僉都御史爵疏奏夏言進用太驟，非言之福，辭甚危切。奏雖寢，直聲震天下。奉命按蜀，貪墨望風引去。會有真寇之警，爵決策勦捕，寇悉平，璽書、銀幣旌之。鎮守太監蕭通貪恣不法，爵疏劾免。然以持法不阿，取怨當路，外補山東按察司僉事，旋謫乾州判官，量移平涼，再遷周府長史。既夏言及於禍，當事者欲進用爵，爵已卒，士林惜之。所著有《平真外史》《熊乾州集》《秋興詩》行於世。」（頁四九上—下）又據朱廷立：《九峰書院記》（載《古今圖書集成》，《方輿彙編·職方典》，卷六三〇，《嘉定州部·藝文一》），「九峰樂山，嘉靖十二年巡按熊爵倡建於縣城東南淩雲山擁翠峰頂。」參與籌劃工作的還有何鰲、郊鼎及鍾錫稽（頁四二上）。

[二]「真寇」指真州巨寇。《明世宗實録》，卷一三一，嘉靖十年十月己丑條載：「先是四川真州盜周天星、王打魚、張東陽等皆籃鄢餘孽，有衆數萬，剽掠真、播，轉攻南川。守臣招降之，不聽，巡撫都御史宋滄乃督都指揮丘岌、參議林豫等調兵剿之，斬天星等，賊黨悉平……滄等以捷聞，上嘉其功，賜勑奬勵，晉滄右副都御史如故；太監蕭通、御史熊爵及他領兵督餉者，皆賞賚有差。」（頁三一一〇—三一一一）

[三]《（雍正）四川通志》（《四庫全書》本），卷三〇，《巡按·明》載：「熊爵（原注：祥符進士）。」（頁一一上）熊爵之任巡按御史，在丘道隆與朱廷立之間。

[四]《明世宗實録》，卷七七，嘉靖六年六月辛未條：「芒部餘賊沙保等叛，攻鎮雄府城，陷之，執試知府程洸，奪其印，所殺傷數十百人……兵部覆言：『往者芒部既平……而巡撫將官輒復升改，撫循失策，遂生叛亂。今沙保等罪不容誅……宜亟趣都御史王廷

罷。今東南平，吾民之患，其有窮已耶？」山人曰：「唯唯，否否。聖天子視民如傷，從諫弗咈。賢侍御方將搜遐剔幽，次第舉行，以裨德化。矧茲其大者乎，而有弗告，告之其有弗從耶？行且諗諸侍御，還以復二三子也。」諸父老相顧指天雪涕而退，雲夢其以爲何如？

天王出震臨萬邦，含生鼓舞聲洋洋。[一]蠢茲小醜甘自戕，怒臂當轍恣跳踉。吹唇沸地翕復張，[二]囊血射天驅天狼。[三]邇來十載誇雄強，公然剽竊誰能當？大梁柱史廊廟良，親承冊詔來炎荒。直欲挽世爲淳龐，[四]紛紛詎忍民罹殃。受成揮羽尊俎旁，[五]提兵六月飛嚴霜。鬼神助順人謀臧，長風激電搖雲幢。怒吼寶刀光吐芒，仰攻鬼壘神魂揚。

相之任，同貴州都御史袁宗儒……選調兩省土漢官軍，併力合剿，務擒首惡……』」（頁一七二五—一七二六）又卷九九，嘉靖八年三月辛亥條載：「『兵部左侍郎王廷相前巡撫四川，征剿叛夷，奏稱斬獲沙保，實據土官阿濟所報……其真僞委未可知，宜行川、貴巡按訪勘。廷相督兵剿撫，功在地方，乞貰其罪。』上從之。」（頁二三四五—二三四六）同月己未條又載：「初御史戴金言：『往者芒部改流之議，川、貴藩臬諸臣堅執不可，而都御史王軏不聽，蓋惑于程洸小夫之言也。洸今就逮矣，軏得晏然而已乎？沙保稱亂，皇上命尚書伍文定往。時夷人懼罪，勢尚可撫，而文定決意進兵，一無顧惜，師旅窮于川、貴，軍聲動乎滇、楚，飛挽粮饟累數十萬。及有詔罷師，尚不肯已，而又極論阿濟等罪，軍民訛言，幾復生變……』上曰：『軏……與文定俱令致仕。』」（頁二三四九—二三五〇）

[一]「含生」，有生命的東西，尤其指人類。

[二]「吹唇沸地」，指吹氣能使大地沸騰，形容聲勢極大。司馬光編著，胡三省音注，「標點資治通鑑小組」校點：《資治通鑑》（北京：中華書局，一九五六年），卷一四一，《齊紀》七，《高宗明皇帝下》，建武四年第二四條載：「彭城王（元）勰等三十六軍前後相繼，衆號百萬，吹唇沸地（原注：吹唇者，以齒齧唇作氣吹之，其聲如鷹隼。其下者以指夾唇吹之，然後有聲，謂之嘯指。）」（頁四四一三）

[三]「囊血」，盛滿血的皮囊。將充血皮囊掛於高處以箭射發，比喻暴虐狂妄，犯上作亂。《史記》，卷三，《殷本紀》載：「帝武乙無道，爲偶人，謂之天神。與之博，令人爲行。天神不勝，乃僇辱之。爲革囊，盛血，卬而射之，命曰『射天』。」（頁一〇四）天狼，星名，古以爲主侵掠。洪興祖撰，白化文、許德楠、李如鸞、方進點校：《楚辭補注》（北京：中華書局，一九八三年），《九歌章句》第二，《東君》有「青雲衣兮白霓裳，舉長矢兮射天狼。」王逸注曰：「天狼，星名，以喻貪殘。」後以比喻殘暴侵略者。

[四]「淳龐」，淳厚之意。

[五]尊，盛酒器；俎即俎，置肉之几。

陰陵失道悲裹創，[一]洞腦折脇摧肝腸。嗚笳疊鼓聲其鏜，牽衣爭向轅門降。妖氛迅掃回炎光，山川吐氣祥風翔。一朝民物歸平康，帖然四境兵撤防。野無豺虎儲有粱【粱】，器銷鋒鏑旗爲裳。喧闐馬首迎壺漿，[二]聚觀夾道歡欲狂。貴謀賤戰功無雙，遺安匪直東南方。一封朝奏忠慨慷，土堦行見崇虞唐。恨無巨筆如長杠。

［解說］

此詩借熊爵所言指出「民出力以食其上，而上顧不知所以爲民。」及盜平，龔輝進賀，熊氏對以工役繁興、徵木是急，蜀民疲於奔命；盜既平，採木工役必再興，「吾民之患，其有窮已耶？」反映四川官員對採木擾民的鮮明態度。

[一]《史記》，卷七，《項羽本紀》，頁三三四載項羽垓下敗走，逃至陰陵而迷路。
[二]「喧闐」，喧嘩熱鬧的情狀。

贈何沅溪東還詩序[一]

沅溪何子擢兵憲，將之徐，[二]過而別我。余與沅溪爲同鄉，廼今被命掄材，獲與周旋其間爲同事。[三]酒三行，沅溪顧謂余曰：「與子同鄉，亦復同事，今兹行矣，得無所於告耶？」余曰：「然。伊昔之歲，相與飲酒于汶江之上，君識之乎？」曰：「識之」。余曰：「賡載之歌，[四]其憂憂，其樂樂，實維同心，君識之乎？」曰：「識之」。余曰：「江爲四瀆之尊，[五]蜀中財力盡由此江而輸。夫亦惟是歌，故其蕩而相薄者如憤，咽而澌流者如戚。廼余與子

[一]何沅溪即何鰲（一四九七—一五五九）。《本朝分省人物考》，卷五〇，《何鰲》載：「何鰲，字巨卿，紹興府人，正德丁丑進士。初授刑部主事，與諸曹合諫武宗南巡，被廷杖，久之擢湖廣僉事，遷四川參議。播州夷仇所司土官，單使往招，不煩一兵而定。尋遷山東副使兵備徐州，計口受俸錢，委其餘于官，以給軍興。費黜，贓罪吏無所殉，由臬長轉左、右轄，晉右副都御史巡撫山東。會有巨盜稱亂，勒兵討平，以才望薦爲兩廣總制。命下，爲當事者所嫉，逮繫至京，左遷福建參議，後嫉者敗，召爲應天府丞，尋復右副都御史總理漕河，陞南京兵部侍郎，改刑部尚書。清德重望，爲時所推重云。」（頁五八四—五八五）何鰲著有《沅溪詩集》，臺灣「國家圖書館」所藏萬曆間刊本一卷，首作題《辛卯登峨眉山次韻》，參http://catalog.digitalarchives.tw/item/00/08/76/55.html。辛卯爲嘉靖十年。

[二]吳世熊、朱忻修，劉庠、方駿謨纂：《（同治）徐州府志》（南京：江蘇古籍出版社，一九九一年；《中國地方志集成．江蘇府縣志輯》本），卷一五，《學校考．徐州府學宫》載：「……（原注：十二年副使何鰲，十三年知州魏頌踵修）。」（頁四五六）

[三]前引龔輝《疏》有「督木何參議」之句，則何鰲於嘉靖九至十年（一五三〇—一五三一）之間任職四川。《明世宗實録》，卷一二〇，嘉靖九年十二月丙寅條載：「四川永川縣民李紹祖等左道惑【惑】人，聚衆爲亂，重（慶）、夔（州）兵備僉事劉隅捕平之。兵部列上地方諸臣功罪，謂隅督捕之功應賞……左參議何鰲功罪亦略相當……」（頁二八五九—二八六〇）同書，卷一二五，嘉靖十年五月壬辰條載：「四川真州盜秦柏等平，賞有功參議林豫、僉事李文中各銀幣，先事參議何鰲等准以功贖。」（頁二九九二）

[四]「賡載」指相續而成。孔安國傳，孔穎達等正義：《尚書正義》（《十三經注疏》本），卷五，《虞書．益稷》云：「皋陶拜手稽首，颺言曰：『念哉！率作興事，慎乃憲。欽哉！屢省乃成，欽哉！』乃賡載歌曰：『元首明哉，股肱良哉，庶事康哉！』」原注云：「賡，續；載，成也。」（頁一四四）

[五]古時誤把汶（岷）江當作長江正源。四瀆之稱首見於郭璞注，邢昺疏：《爾雅注疏》（《十三經注疏》本），卷七，《釋水》：「（長）江、（黃）河、淮（河）、濟（水）爲四瀆。四瀆者，發源注海者也。」（頁二六一九）宋代詩人程公許《滄洲塵缶編》（《四庫全書》本），卷二，《述九頌．載英》首兩句爲：「岷山兮五嶽丈人，大江兮四瀆之尊。」（頁八下）

愴然而罷，謂此江之無知，可乎？謂人之不能動物，物且無與於人，可乎？是故敢怒而不敢言者，維民以分制也；欲言而不可言者，維余與子以職制也；可以言而敢言而未及言者，維宰執臺諫以地制也。語曰：『堂下千里』，[一]矧茲西蜀，誰則知之？何當一挽此江而注之北耶？」舉酒浮白，浩歌慨慷。已乃比次其語，書以成別。

秋風黃菊若爲妍，秋鴻影落銀河前。萬里乘槎自西蜀，[二]別酒未斟情黯然。

憶昨秋江賦草萊，[三]荒林落日生餘哀。[四]憑君試問此江水，何當流向黃金臺。[五]

［解說］

此詩亦有序，言何鰲擢兵備副使將往徐州，龔輝送別。二人爲同鄉又爲同事，言及蜀中財力盡由汶江外輸，蜀地之困頓，百姓「敢怒而不敢言」，龔與何「欲言而不可言」，宰執臺諫則「可以言而敢言而未及言」。詩以汶江爲喻，感慨怎得賢才萬里伏闕向君上進言。

［一］黎翔鳳撰，梁運華整理：《管子校注》（北京：中華書局，二〇〇四年），卷一六，《法法》有云：「故曰：『堂上遠於百里，堂下遠於千里，門廷遠於萬里。』……堂下有事，一月而君不聞，此所謂遠於千里也。」意指君臣連發生於堂上、堂下、門庭內的事都不知道，雖在近處，卻比百里、千里、萬里之外還遠，遑論治國。

［二］此句言採運大木路途遙遠艱難。「乘槎」，乘坐竹、木筏，亦作「乘楂」。傳說天河與海通，有浮槎去來。庾信撰，倪璠注，許逸民校點：《庾子山集注》（北京：中華書局，一九八〇年），卷二，《哀江南賦序》有句云：「況復舟楫路窮，星漢非乘槎可上。」（頁一〇一）

［三］「賦草萊」，猶言閒居於草野之間。

［四］王冕（一三一〇—一三五九）：《竹齋集》（《四庫全書》本），卷中，《自感》詩有句云：「荒林落日陰，羞見反哺烏。」（頁六一下—六二上）言生活窘迫，不能供養父母，心境悲戚。

［五］「黃金臺」，相傳戰國時燕昭王所築，置千金於臺上以延攬賢士，後借以指招納賢才之處。

重慶道中漫興

霜風吹鬢寒颼颼，霜花拂曙光欲流。客子搖搖情靡適，[一]野猿惻惻聲何憂。[二]即看膏血潤草木，[三]況復豺虎橫林丘。搔首踟躕靜捫腹，[四]有懷借箸嗟無由。[五]

［解說］

此詩以「霜風」「霜花」寫嚴冬酷寒，以野猿「聲何憂」「膏血潤草木」「豺虎橫林丘」表明對採木百姓的同情；但作者於此無計可施，空自歎息。

[一]「搖搖」，形容心神不定。毛亨傳，鄭玄箋，孔穎達等正義：《毛詩正義》（《十三經注疏》本），卷四之一，《王風·黍離》「行邁靡靡，中心搖搖。」句有注語云：「搖搖，憂無所愬。」（頁三三〇）

[二]「惻惻」，形容悲傷。《杜詩詳注》，卷七，《夢李白詩》二首之一有句云：「死別已吞聲，生別常惻惻。」（頁五五五）

[三]「膏血」喻民脂民膏。

[四]「搔首踟躕」即以手抓頭、徘徊不定，形容焦慮著急。《毛詩正義》，卷二之三，《邶風·靜女》有句云：「愛而不見，搔首踟躕。」（頁三一〇）捫腹，撫摸腹部。

[五]「有懷」即有意。「借箸」，程登吉（程允升）原著，鄒聖脈增補，胡云富、李春梅、傅德林注：《幼學瓊林新注》（北京：北京師範大學出版社，一九九二年），卷三，《人事類》釋爲：「與人設謀。」（頁三三一）「無由」，沒有門徑和辦法。

次沅溪韻

民困今非昔，江亭酒漫杯。[一]輕陰天際落，[二]微靄望中迴。[三]恤緯悲嫠婦，[四]飄蓬憶老萊。[五]南金嘗自許，[六]造膝愧非材。

［解說］

此詩以感慨民困今非昔比開句，借「恤緯悲嫠婦」流露憂國憂民之情。作者自慚曾以「南金」自許，卻未能犯顏直諫，爲民請命。

［一］《杜詩詳注》，卷一〇有《江亭》，寫詩人年近五十，居於成都草堂，晚春時在江邊亭子獨坐（頁八〇〇—八〇一）。

［二］輕陰，可指淡雲、薄雲，如劉禹錫《秋江早發》（中華書局編輯部點校：《全唐詩》〔北京：中華書局，一九九九年〕，卷三五五）首二句云：「輕陰迎曉日，霞霽秋江明。」（頁三九八二）亦可指微陰天色，如張旭《山中留客》（《全唐詩》，卷一一七）詩有句：「山光物態弄春暉，莫爲輕陰便擬歸。」（頁一一七九）

［三］望中，視野之中。

［四］杜預注，孔穎達等正義：《春秋左氏傳正義》（《十三經注疏》本），卷五一，昭公二十四年六月壬申條有言：「抑人有言曰：『嫠不恤其緯，而憂宗周之隕。』」（頁三一〇六）即謂寡婦不憂其織事而憂國事。後以「恤緯」喻憂國。《陸游集》，《劍南詩稿》，卷四八，《讀史》有句：「恤緯不違嫠婦嘆，美芹欲獻野人心。」（頁一二〇三）

［五］「飄蓬」，飄飛的蓬草，比喻飄泊無定。「老萊」指老萊子，性至孝，後人借以比喻孝養父母。

［六］「南金」指南方所產銅，借指貴重之物或南方的傑出人才。

登涪翁亭遲劉範東有感[一]

一年風景秋偏好，到得秋來盡日陰。今日乘閒偶登眺，江湖廊廟總關情。[二]

[解說]

全詩由寫秋景而抒情，始於個人閒情，而歸結於「江湖廊廟」牽動之情。

[一]「遲」，等待。李賢等：《大明一統志》（西安：三秦出版社，一九九〇年），卷七二，《嘉定州·峨眉縣》：「涪翁亭（原注：在萬景樓前。涪翁，宋太史黄庭堅也。）」（頁一一一四—一一一五）《（雍正）四川通志》，卷二六，《敘州府·宜賓縣》：「涪翁亭（原注：在縣大江北岸，宋黄魯直建。）」（頁七三下）王兆雲：《皇明詞林人物考》（《續修四庫全書》本），卷七載：「劉隅，字叔正，範東其號也，兖之東阿人，嘉靖癸未進士，官至副都御史。其爲文，無勦説、無習見，清逸俊拔；詩意氣安閒，辭旨沉快。要之，蓋有杜陵遺意。」（頁六一五）《本朝分省人物考》，卷九五，「劉隅，字叔正，約之中子也，舉嘉靖癸未進士，授福建道監察御史……出按江北，糾繩貪殘，擊斷無諱。陞四川按察司僉事，謫官……隅器度汪洋，韻宇沖遠，居常不爲小察，及遇大事，確有定守，萬夫莫能折。死生利害，所臨坦然，當之神色不動。風流韞籍，海内所推，誠一代名人也。博極群書，文詞沉雅，號爲名家，所著有《文集》《奏議》《治河通考》《古篆分韻》諸書。」（頁一四六一—一四七）劉隅（一四九〇—一五六六）之任職四川，《明世宗實録》，卷八二，嘉靖六年十一月壬辰條載：「御史劉隅等言……」是其時劉氏仍任御史（頁一八四一），而卷一二〇，嘉靖九年十二月丙寅條則載：「四川永川縣民李紹祖等左道惑【惑】人，聚衆爲亂，重、夔兵備僉事劉隅捕平之。」（頁二八五九）《國朝列卿紀》，卷一一八，《巡撫保定侍郎行實》：「劉隅……陞四川僉事，謫許州判官……」（頁四六），而張良知：《（嘉靖）許州志》（嘉靖刻本），卷四載：「許州西湖書院（原注：……嘉靖十三年判官劉隅重脩……）（頁一五一二），則其事當在嘉靖六年底至十三年之間。

[二]「關情」，牽動情懷。《全唐詩》卷六二二載陸龜蒙（？—八八一）《又酬襲美次韻》有句云：「酒香偏入夢，花落又關情。」（頁七一六〇）

宿白雲寺次王内翰

鳥度白雲外，[一]僧歸青鏡中。綺筵歌吹合，[二]茅屋蘚苔封。小雨來山閣，長風撼石龍。[三]悠然發深省，行李報晨鍾【鐘】。

［解說］

詩中前五句寫古寺、寺僧與自然景物，第六句「長風撼石龍」似有警醒作用，使作者「發深省」、整備回程行裝。結合其餘各詩，此作仍隱約表達龔輝不耽於閒逸而心以百姓爲念之意。

[一]《李太白全集》，卷三六《附録·外紀》載：「白雲寺，在夔州奉節縣治北。李白寓夔州，有《白雲寺》詩，刻懸崖間（原注：《四川總志》）。」（頁一六二八）

[二]「歌吹」或指歌唱吹奏，或指歌聲和樂聲。

[三]「石龍」，石塊形狀如龍。辛棄疾著，鄧廣銘箋注：《稼軒詞編年箋注（定本）》（上海：上海古籍出版社，二〇〇七年），卷二，《蝶戀花·月下醉書雨巖石浪（九畹芳菲蘭佩好）》有句云：「石龍舞罷松風曉」（頁一八二）。

送孫南江[一]

昔年吳下君迎我，[二]今日川南我送君。[三]把酒相看忍相別，青山啼鳥總傷神。

汶江江上柳如絲，欲挽行舟一問之。[四]王事民勞兩相迫，誰當爲上賈生書。[五]

歸養一念，輝與君共之。君遂已得請，而輝尚滯留一方。[六]君此行既釋重負，而輝方荷擔以俟。惠而教我，能無深望耶？疏以引別，雖破例爲之，有不暇擇焉爾也。

[一] 曹學佺編：《石倉歷代詩選》（《四庫全書》本），卷四六七，《明詩次集》一百一載靳貴《寄孫南江僉憲》詩（頁二一上），知孫氏曾任僉都御史；邵經邦：《弘藝録》（《四庫全書存目叢書》本），卷一三有《雁蕩記遊呈葉北山參知孫南江憲副二首》（頁三八六），又知孫氏曾任左副都御史。邵經濟：《西浙泉厓邵先生詩集》（北大圖書館藏嘉靖四十一年張景賢王詢等刻本），卷三，《下桐江題南江小閣用韻》有原注語：「南江孫監司，諱元，湖廣之安陸人。」（頁三下），則知孫南江指安陸人孫元。孫元爲正德九年進士，《明史》卷一九四載：「元，進士，終四川（按察）副使，謹厚有父風。」（頁五一三四—五一三六）

[二] 此句提到龔、吳在江南早有交情。據《正德十一年浙江鄉試録一卷》，龔輝舉鄉貢時孫元以溫州府推官任「受卷官」（頁二六六〇）。《（雍正）浙江通志》，卷二八，《學校》四，《衢州府》條載：「開化縣儒學……嘉靖五年，僉事孫從一重修。」（頁七一五），其時龔輝正丁母憂。

[三] 孫元調官四川，《明世宗實録》，卷一〇四，嘉靖八年八月辛未條載：「陞浙江按察司僉事孫元爲四川按察司副使。」（頁二四四一）

[四] 《李太白全集》，卷二〇，《把酒問月》（原注：故人賈淳令予問之）首兩句云：「青天有月來幾時？我今停杯一問之。」（頁九四一）

[五] 以賈誼（前二〇〇—前一六八）數次上書陳述政見自喻。班固撰，顔師古注：《漢書》（北京：中華書局，一九六二年），卷四八，《賈誼傳》載：「是時匈奴強，侵邊。天下初定，制度疏闊。諸侯王僭儗，地過古制，淮南、濟北王皆爲逆誅。誼數上疏陳政事，多所欲匡建。」（頁二二三〇）

[六] 《明世宗實録》，卷一三七，嘉靖十一年四月辛卯條載：「四川按察司副使孫元以父尚書交老病乞歸侍養，許之。」（頁三二二七）孫交（一四五三—一五三三），字志同，成化十七年進士，官至戶部尚書。《明史·孫交傳》載：「令子編修元侍行，有司時存問……卒年八十，謚榮僖。」（頁五一三六）

［解說］

第一首詩首句提到兩人在江南早有交情，次句言詩成於送別時。第二首最後兩句言「王事民勞」相迫，期望有人能代爲上書朝廷陳述一己政見。詩後有龔輝語，自言亦有奉親歸鄉之意，羨孫元「釋重負」而嘆己「方荷擔」。

遊翠屏次熊雲夢韻[一]

鶱騰獨立臺端客，[二]寂寞多愁江上郎。邂逅憑虛凌絶巘，[三]笑看攜手擷孤芳。民生猶自關休戚，世事無勞問短長。回首夕陽歸路晚，滿空飛翠濕蒼蒼。[四]

[解說]

翠屏山在宜賓縣西北，山色四時常青。此詩亦情景交融，突顯「鶱騰獨立」「寂寞多愁」的熊、龔二人在「凌絶巘」「擷孤芳」時的孤寂感，但不忘指出「民生」仍是「休戚」所繫。

[一]《（雍正）四川通志》，卷二四，《宜賓縣附郭》載：「翠屏山（原注：在縣西北仙侶山後，山色四時常青，故名。舊有翠屏書院。）」（頁一五上）

[二]「鶱騰」，猶言飛騰，或比喻地位上升。

[三]「絶巘」，高聳的山峰。酈道元著，陳橋驛校證：《水經注校證》（北京：中華書局，二〇〇七年），卷三四，《江水》二有「又東過巫縣南，鹽水從縣東南流注之」句，原注云：「絶巘多生怪柏。」（頁七九〇）

[四]「蒼蒼」，指天。郭茂倩編撰：《樂府詩集》（北京：中華書局，一九七九年），卷五九，《琴曲歌辭》三，《蔡氏五弄》收蔡琰《胡笳十八拍》，其十六拍有句云：「泣血仰頭兮訴蒼蒼。」（頁八六四）楊進思等纂：《（嘉靖）霸州志》（上海：上海古籍書店，一九八一年；《天一閣藏明代方志選刊》本），卷八，《藝文志》載田畧《霸臺朝陽》詩有句云：「鴉背翻陽光閃閃，松稍晞露濕蒼蒼。」（頁五一上—下）徐渭：《徐渭集》（北京：中華書局，一九八三年），卷七，《七言律詩》，《閘里中有買得扶桑花者四首》之一有句云：「蜀魄啼盃乾夜夜，猩魂摶血濕蒼蒼。」（頁二八〇）

山行

山行秋欲暮，驅馬思悠悠。蓬跡終何定，民勞汔可休。遠水落天外，閑雲度隴頭。[一]形神倦行役，清夢隔滄洲。[二]

《西槎彙草》卷之二終

[解說]

此詩寫作者秋日驅馬山行，「思悠悠」卻仍心繫「民勞」，景物雖閒而形神倦於行役，歸隱無期。

[一]「隴頭」，借指邊塞。《石倉歷代詩選》，卷四七八，《明詩次集》一一二載徐禎卿《送士選侍御》詩，有句云：「胡天飛盡隴頭雲，惟見居庸暮山紫。」（頁八下）

[二]「滄洲」，濱水之地，喻隱士居處。蕭統編，李善、呂延濟、劉良、張銑、呂向、李周翰注：《六臣注文選》（北京：中華書局，一九八七年），卷四〇載阮籍《爲鄭沖勸晉王箋》有句云：「然後臨滄洲而謝支伯，登箕山以揖許由。」（頁七五四）

原木

原曰：天三生木，地八成之。[一]夫木，天地之仁氣也，天地之盛德氣也。[二]文從屮始，甲坼也。甲而出乃乙乙然，乙乙者，生軋軋也。寅者生螾然也。卯，冒也，茂也，二母二子，是爲木屬。然炳于丙，實于丁，以至揆于癸、荄于亥、滋於子，以至成於酉。[三]十母十二子，木咸有資焉，而其屬舉四，以東方之行之，專氣也。又曰：《說卦》，巽爲木，[四]巽，入也，物之入者莫如木。又巽體幹陽而根陰，故爲木，坎剛在內，其於木也爲堅、多心；艮剛在外，其於木也爲堅、多節。[五]《洪範》五行，三曰木，[六]木曰曲直；其於五事也，爲視爲明爲哲。《志》曰木爲

[一] 陳摶：《河洛真數》（《續修四庫全書》本），《起例卷上·洛書篇》「寅夘屬木」句有原注云：「天三生木，地八成之。」（頁六九）

[二] 《禮記正義》，卷六一，《鄉飲酒義》第四五云：「天地嚴凝之氣，始於西南而盛於西北，此天地之尊嚴氣也，此天地之義氣也。天地温厚之氣，始於東北而盛於東南，此天地之盛德氣也，此天地之仁氣也。」（頁一六八三）

[三] 《漢書》，卷二一上，《律曆志》第一上言：「故孳萌於子，紐牙於丑，引達於寅，冒茆於卯，振美於辰，已盛於巳，咢布於午，昧薆於未，申堅於申，留孰於酉，畢入於戌，該閡於亥。出甲於甲，奮軋於乙，明炳於丙，大盛於丁，豐茂於戊，理紀於己，斂更于庚，悉新於辛，懷任於壬，陳揆於癸。」（頁九六四—九六五）《六臣注文選》，卷一七，《賦》，陸士衡《文賦》「伏思軋軋其若抽」句於「軋軋」二字後有原注云：「烏入切，（李）善作乙乙」，而於「其若抽」三字後有原注云：「……乙抽也，乙難出之貌。《說文（解字）》曰陰氣尚强，其出乙乙然。乙音軋。」（頁三一五）又劉熙：《釋名疏證》（《續修四庫全書》本），卷一，《釋天第一》有言：「……寅，演也，演生物也（原注：《白虎通》云少陽見於寅，寅者，演也，義與此同。《律書》曰寅，言萬物始生，螾然也……）卯，冒也，載冒土而出也（原注：《白虎通》云卯者，茂也。案茂雖與冒異義，而音則亦近卯。）」（頁五八四）

[四] 王弼、韓康伯注，孔穎達等正義：《周易正義》（《十三經注疏》本），卷九，《說卦》有云：「巽爲木、爲風、爲長女、爲繩直、爲工、爲白、爲長、爲高、爲進退、爲不果、爲臭。其於人也，爲寡髮、爲廣顙、爲多白眼、爲近利市三倍。其究爲躁卦。」（頁九五）

[五] 董真卿：《周易會通》（《四庫全書》本），卷一四，「巽爲木……爲躁卦」條有原注云：「錢氏曰：爲木者，榦陽而根陰也……」（頁二七上）俞琰：《周易集說》（《四庫全書》本），卷三八，「其於木也，爲堅，多節」句有原注云：「坎之剛在內，故爲木之堅，多心；艮之剛在外，故爲木之堅，多節……」（頁二一下）

[六] 《尚書正義》卷一二，《洪範》言：「五行：一曰水，二曰火，三曰木，四曰金，五曰土。」（頁一八八）

歲星，王者德厚令順，則有休徵。[一]上古帝太皞氏通神明之德、類萬物之情，德合上下，以木德王，木官句芒能佐之。有虞氏在璿璣玉衡，以齊七政，疇咨若予，上下草木鳥獸，[二]虞官伯益能佐之，而後五氣順布，木無失性。嗟乎！木，天地之嘉生，聖人之蕃育也乎。厥有巨材，非深山大壑不產也。方其未伐，百夫揮斤，不爲動也。其既伐，千夫邪許，不可轉也。是故合抱之木，不數百年不成；連抱之木，不千餘年不成，然亦莫知其年也。合抱之木，不千金不致；連抱之木，不數千金不致，然亦莫計其直也。是故聖人之用木也，慎知其產之難也，求之不敢數焉、責之不敢備焉、致之不敢亟焉。凡以贊化也，我國家祖宗之際，休養生息，合太皞氏神明之德、有虞氏疇若之咨，當時之臣能佐之，木神爲之喜，蜀南山名爰有神木昭大貺也。今皇體德，其播令若曰平物直以來商，諭土官以修貢，勿派民、勿勞費，民勿怨嗟。虞臣有龔氏，樸而茂和、厚而易直、貞而不佞，使蜀董木，能達德於下，得大木不敢矜，將爲圖獻焉。以岷野人嘗學於物理，俾有言。岷野人未見所爲圖，然竊睹夫皇言矣，固亦太皞氏神明之德、有虞氏疇若之咨也與。是故天地變化草木蕃，岷野人處於樗散之林，亦幸獲芘焉，作《原木》。嘉靖十有二年甲寅月吉少岷曾璵頓首謹述。[三]

［一］《漢書》，卷二一上，《律曆志》第一上言：「五星之合於五行……木合於歲星……」（頁九八五）「休徵」，吉祥徵兆。《尚書正義·洪範》：「曰休徵。」句有注語云：「敘美行之驗。」（頁一九二）

［二］《尚書正義》，卷三，《虞書·舜典》云：「正月上日，受終于文祖，在璿璣玉衡，以齊七政……帝曰：『疇若予，上下草木鳥獸……』」（頁一二六及一三一）

［三］「月吉」，正月初一，又指農曆每月初一。曾璵（一四八〇—一五五八），《總目》，卷一七六，《集部·別集類存目三》二九載：「《少岷拾存稿》四卷附《司徒大事記》一卷（原注：兩廣總督採進本）。明曾璵撰。璵字東玉，瀘州人，正德戊辰（三年）進士，官至建昌府知府。宸濠之叛，璵率屬引兵，從王守仁破賊，收復南康。《集》中有《平江凱歌》，即記是事也。璵號少岷山人，其集本曰《少岷存稿》。此本乃隆慶辛未南京工部主事章懋所選定，故曰《拾存》，後載《司徒大事記》一卷，自『裁冗食』至『重漕政』凡十條，皆陳當世時務，題曰『戶部江西司郎中臣曾璵修』，蓋奏進之書，附刻集末者也。」（頁一五七一）曾璵的著作，焦竑：《國史經籍志》（《續修四庫全書》本），卷五，《集類·明·別集》載：「曾璵《少岷集》四卷。」（頁五三八）美國哈佛大學哈佛燕京圖書館編：《美國哈佛大學哈佛燕京圖書館藏中文善本彙刊》（北京：商務印書館；桂林：廣西師範大學出版社，二〇〇三年）收

［解説］

《原木》前、中段闡釋木積天地「仁氣」「盛德氣」而生，由聖人蓄育而長成。巨木非深山大壑不產，聖人知其產之難，故慎於用。後段以聖人喻世宗，言其體恤臣民，以合理償值採購木材，又下令不得濫派於民及勞民傷財。文末讚揚龔輝品格正直，能傳達聖德於下，得大木又繪圖以獻，故撰文爲記。

有《少岷先生拾存稿》三卷。

書西槎彙草後

西槎者，冬官大夫龔君奉命掄材之別號也。言西者，往嘗奉使浙東，兹指蜀以別之也。彙草者，類聚其所作也。君憂國憂民，既上疏於朝矣，復爲圖以説之。憂未紓也，三劄子冀協議也。敘平真，借事以諷；送沅溪，感物而鳴；其漫興次韻，無非一念隱憂之所形也。噫！君可謂無負使命者矣。君且謂言蜀險者善李（白）、杜（甫），疏民瘼者善鄭俠、賈生（誼）；以今觀之，兼四子之美者，非君其誰耶？是宜刻，然刻而行遠者不以文，又當在蜀之人之心之骨也，敢僭述以證諸其後。東吳郟鼎謹志，[一] 時嘉靖癸巳（十二年）春仲既望。

[解説]

此文簡潔而能綜括全書要點，明言評價此書當重其内容思想而非文學修辭。

[一]《（嘉慶）直隸太倉州志》，卷一五，《選舉·舉人》，「郟鼎（原注：嘉靖元年壬午）」（頁二四一）。淩迪知（一五二九—一六〇〇）：《萬姓統譜》（《四庫全書》本），卷一二四，《郟》：「郟鼎（字薦和，常熟人，嘉靖己丑［八年］進士，歷按察副使。）」（頁三〇下）郟鼎任職四川事，《（雍正）四川通志》，卷三〇，《職官·（按察使）僉事·直隸嘉定州》載：「郟鼎（原注：太倉進士）」（頁八三上）。葉昌熾：《緣督廬日記抄》（《續修四庫全書》本），卷五，《己丑正月》初七條載：「歸次，再同見示林鉞漢雋元延祐七年刊本，每卷有『東吳郟鼎校』五字。」（頁四六五）